高等学校人工智能教育丛书

深度学习与图像处理

主　编　李万清

副主编　周煊令　罗细芳　唐扬龙　唐　莹

参　编　刘　俊　张俊峰　周原驰　黄奕超

寿俐鑫　李金城

参编单位　国家林业和草原局华东调查规划院
视雄半导体(杭州)有限公司
中国计量大学
杭州电子科技大学上虞科学与工程研究院有限公司

西安电子科技大学出版社

内 容 简 介

本书将算法与工程实践相结合，旨在为深度学习和机器学习领域的初学者和实践者提供初步的指导。书中通过理论与实践相结合的方式，介绍了深度学习的基础知识和相关实践，有助于读者深入理解深度学习技术，并能够将其应用到自己的项目与研究中。

全书共 8 章，分为深度学习基本原理和深度学习在工业缺陷检测中的实践两部分，内容包括深度学习基础知识、卷积神经网络、图像处理基础、图像数据生成(以 DCGAN 图像生成实践为例)、图像分类(以 AlexNet 图像分类实践为例)、目标检测(以晶圆表面缺陷检测为例)和语义分割(以自然遥感检测为例)。

本书适合作为高等院校人工智能相关专业的教材，也适合作为深度学习、机器学习相关领域的学习者的参考书。

图书在版编目(CIP)数据

深度学习与图像处理 / 李万清主编. --西安：西安电子科技大学出版社，2025.2. -- ISBN 978-7-5606-7492-6

Ⅰ. TP181

中国国家版本馆 CIP 数据核字第 2025HS3411 号

策　　划　陈　婷
责任编辑　张　存　陈　婷
出版发行　西安电子科技大学出版社(西安市太白南路 2 号)
电　　话　(029)88202421　88201467　　邮　　编　710071
网　　址　www.xduph.com　　电子邮箱　xdupfxb001@163.com
经　　销　新华书店
印刷单位　陕西天意印务有限责任公司
版　　次　2025 年 2 月第 1 版　　2025 年 2 月第 1 次印刷
开　　本　787 毫米×960 毫米　1/16　　印张 13.5
字　　数　268 千字
定　　价　37.00 元
ISBN 978-7-5606-7492-6

XDUP 7793001-1

前　言

PREFACE

深度学习作为人工智能的重要分支，已经在各个领域展现出了强大的应用潜力。它的出现和发展为我们解决复杂问题提供了一种全新的方法和工具。在深度学习的众多任务中，目标检测和语义分割是两个备受关注的研究领域，它们在计算机视觉领域有着广泛的应用，为图像理解和场景理解提供了重要支持。

笔者及其团队深耕于计算机视觉、大数据分析等相关领域多年。团队依托多家企业单位横向合作，边教学、边研究、边实践，积累了较多理论联系实际的案例，部分理论和实践成果获得浙江省科学技术进步奖二等奖和中国产学研合作创新成果奖一等奖。本书正是基于本团队多年来在项目实践中积累的丰富案例编写而成的。本书将深度学习算法应用于实际问题的解决，旨在帮助读者掌握如何运用深度学习这一工具应对真实世界中的挑战，并启发读者发现其更多的创新应用。

本书分为两部分，共 8 章。

第一部分是理论部分，包括第 1 章至第 3 章，主要介绍本书实践部分所涉及的深度学习领域的基础知识。目前，关于深度学习的书籍已经非常丰富，因此本书不再过多叙述深度学习领域的基础知识，而是从实践角度出发，为读者提供一些简单的理论知识作为铺垫。希望深入了解深度学习理论的读者可以选择其他的理论书籍进行补充学习。

第 1 章是绪论。本章主要概述人工智能、机器学习和深度学习的概念及关系，以及深度学习相关背景、发展现状和应用领域。

第 2 章是深度学习基础知识。本章首先从线性模型出发，引出经典的回归问题和分类问题并进行了详细讲解；然后介绍了前向传播和反向传播的一般过程；最后介绍了网络训练相关的损失函数、梯度下降、激活函数、正则化和归一化等重要知识。通过本章的学习，读者可建立起深度学习的理论基础。

第 3 章是卷积神经网络。卷积神经网络是深度学习在图像处理领域中应用最广泛的模型，其主要由卷积层、池化层和全连接层组成。本章主要阐述了卷积层、池化层和全连接层的基本结构和作用。

第二部分是实践部分，包括第 4 章至第 8 章，重点讲解如何应用深度学习进行图像处理并完成相关的任务。

第 4 章是图像处理基础。本章基于 OpenCV 工具，向读者讲解传统的图像处理领域相关的内容，包括图像读取、预处理、增强和保存等常用操作。本章内容主要为后续章节的实践奠定基础。

第 5 章是图像数据生成(以 DCGAN 图像生成实践为例)。深度学习模型训练需要大量数据集，而现有数据集的样本数量不足，本章由此引出图像数据生成的方法。本章通过对生成对抗网络(GAN)的介绍，带领读者了解如何运用无监督学习的方式生成逼真的图像数据，在一定程度上解决深度学习面临的数据集样本不足问题。

第 6 章是图像分类(以 AlexNet 网络图像分类实践为例)。本章基于经典的 AlexNet 网络模型向读者介绍猫狗图像分类任务。通过详细讲解 AlexNet 网络结构、数据载入，以及模型的构建、训练、验证和预测过程，让读者了解图像分类这一经典的深度学习相关的内容。

第 7 章是目标检测(以晶圆表面缺陷检测为例)。本章基于经典的 YOLOv5 网络模型向读者介绍晶圆表面缺陷检测任务。通过详细讲解 YOLOv5 网络结构、数据集构建、数据载入，以及模型的构建、训练和验证过程，让读者了解目标检测这一经典的深度学习相关的内容。

第 8 章是语义分割(以自然遥感检测为例)。本章基于经典的 UNet 网络模型向读者介绍自然遥感检测任务。通过详细讲解 UNet 网络模型结构、数据载入，以及模型的构建、训练和预测过程，让读者了解语义分割这一经典的深度学习相关的内容。

本书在编写过程中参考了许多优秀的资料和前人的工作，在此向这些作品的作者表示感谢和敬意。由于个人水平有限，书中难免存在一些不足之处，因此我们诚挚地希望读者朋友们能够包涵并及时指正，以帮助我们改进和完善本书。

最后，感谢读者朋友们的支持和理解！让我们一起踏上深度学习之旅，共同探索人工智能的未来，创造更加智能化的世界！

编　者

2024 年 8 月

目　录

CONTENTS

第一部分　深度学习基本原理

第二部分 深度学习在工业缺陷检测中的实践

第一部分

深度学习基本原理

第1章 绪论

在当今这个快速发展的时代，人工智能(Artificial Intelligence，AI)深刻地影响着我们的工作、学习乃至生活的方方面面。AI 的发展历程漫长而曲折，但它的进步从未停止。从简单的逻辑推理到复杂的决策制定，AI 技术正逐步跨越传统的界限，向着模仿甚至超越人类智能的方向迈进。

人工智能的核心组成部分之一是机器学习(Machine Learning，ML)，它赋予了计算机系统从数据中学习和改进自身性能的能力，而无须进行明确的编程。机器学习的应用范围非常广泛，从简单的数据分析到复杂的图像识别和自然语言处理，机器学习的算法正在不断地突破技术的边界。

随着计算能力的增强和数据量的爆炸式增长，深度学习(Deep Learning，DL)作为机器学习的一个子集，已经成为 AI 领域的热点。深度学习通过模拟人类大脑的结构和功能来处理数据，其核心是深度神经网络(DNN)。通过构建多层的神经网络结构，深度学习能够学习到数据的高层特征，从而在诸如图像识别、语音识别和语言翻译等任务上取得了令人瞩目的成绩。

本章将深入探讨人工智能、机器学习和深度学习的概念，以及它们之间的联系与区别，并重点介绍深度学习相关知识。

1.1 人工智能、机器学习和深度学习的关系

21 世纪深度学习以其卓越的能力，完美地渗透到人工智能的很多子领域中，并且取得了巨大的成功。从根本上讲，深度学习是机器学习的一个分支，而机器学习又是人工智能的一个分支，三者的关系如图 1-1 所示。

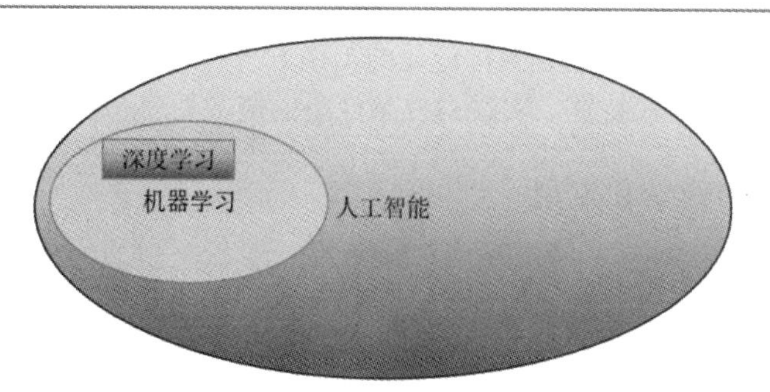

图1-1 人工智能、机器学习、深度学习的关系

人工智能是计算机科学的一个分支，旨在使计算机系统能够模拟和展现人类的智能行为和思维过程。它涉及许多不同的技术和方法，包括机器学习和深度学习。人工智能的目标是使计算机系统具备理解、学习、推理、规划和适应环境的能力，从而能够执行类似于人类的智能行为。

机器学习是人工智能的一个子领域，它关注的是如何通过算法和统计模型，使计算机系统能够从数据中自动学习和改进。机器学习的核心思想是训练和优化模型，使其能够从数据中提取特征、发现模式，并作出准确的预测或决策。机器学习包括监督学习、无监督学习、强化学习等不同的学习范式，它在各个领域中都得到了广泛的应用。

深度学习是机器学习的一个分支，它通过构建深度神经网络模型，模拟人脑神经元的工作方式和层级结构，实现对复杂数据的高级表达和理解。深度学习的关键是通过多层次的非线性变换，逐层提取和组合特征，从而实现对数据的高效建模和表示。深度学习在计算机视觉、自然语言处理、语音识别等领域取得了重大突破，并在人工智能应用中发挥着重要作用。

三者的关系可以这样理解：人工智能是更广泛的概念，涵盖了使计算机具备智能行为的研究和应用；机器学习作为人工智能的一个子领域，着重于开发算法和模型，使计算机系统能够从数据中学习和改进；而深度学习作为机器学习的一个分支，主要利用深度神经网络模型来实现对复杂数据的表达和理解。

尽管深度学习在人工智能领域取得了巨大的成功，但它并不是解决所有问题的万能工具。不同的任务和场景需要不同的技术和方法来实现最佳效果。因此，在实际应用中，我们需要综合考虑问题的特点和需求，选择合适的人工智能方法和技术；并且通过持续的研究和探索，不断推动人工智能的发展，为人类社会带来更多的创新和进步。

1.2 深度学习

深度学习是一种基于人工神经网络的机器学习方法，近年来在人工智能领域取得了重

大突破和广泛应用。它通过模拟人脑神经元的工作方式和层级结构，使计算机能够从大规模的数据中自动学习和提取特征，实现对复杂任务的高效处理和准确预测。

1.2.1 深度学习的背景和发展

随着计算机硬件的发展和大规模数据的积累，深度学习在图像识别、语音识别、自然语言处理、机器翻译、推荐系统等领域取得了令人瞩目的成果。通过构建深度神经网络模型，深度学习能够逐层提取抽象的特征表示，从而实现对复杂数据的高级理解和表达。与传统机器学习方法相比，深度学习具有更强的表达能力和泛化能力，能够处理更加复杂和多样化的任务。

1.2.2 深度学习的基本原理

深度学习的核心是神经网络模型。神经网络由多个神经元(节点)组成，通过连接权重来传递和处理信息。每个神经元接收一组输入，经过激活函数的非线性变换，输出一个结果。多个神经元可以组成层级结构，形成深度神经网络。深度学习中常见的神经网络模型包括卷积神经网络(CNN)、循环神经网络(RNN)和变换器(Transformer)等。

1.2.3 深度学习的实践

在深度学习的实践中，数据是至关重要的。大规模、高质量的数据集是训练深度学习模型的基础。通过使用标注的数据，可以为模型提供有监督的学习信号，使其能够学习到输入和输出之间的映射关系。同时，数据的预处理和增强技术也起到了重要作用，可以提升模型的性能和鲁棒性。

深度学习的实践还需要强大的计算和存储资源及优化算法作为支撑。训练深度神经网络通常需要大量的计算和存储资源，而优化算法则能够加速模型的训练过程并提高收敛效果。近年来，图形处理器(GPU)和专用的深度学习加速器(如张量处理单元)的发展，为深度学习的实践提供了更强大的计算能力。

1.2.4 深度学习的应用领域

深度学习在计算机视觉、自然语言处理、语音识别和语音合成、缺陷检测等领域有着广泛的应用，下面将展开讲述深度学习在这些领域中的应用。

1. 计算机视觉

在计算机视觉领域，深度学习通过利用深度神经网络的强大表达能力和学习能力，实现了准确的目标检测、精确的图像分类和识别以及逼真的图像生成和处理。这些应用对于自动驾驶、安防监控、医学图像分析等具有重要意义。

1) 目标检测

深度学习在目标检测方面取得了显著进展。CNN 等深度学习模型，可以准确地在图像中标识和定位多个目标。Faster R-CNN、YOLO(You Only Look Once)和 SSD(Single Shot MultiBox Detector)等著名的目标检测算法都采用了深度学习的方法。这些算法能够实现实时的目标检测，并在许多实际应用中展现了优良的性能。

2) 图像分类和识别

深度学习模型在图像分类和识别任务上也具有出色的表现。它能够学习图像中的特征，并将图像分为不同的类别，从而实现物体或场景的识别。在图像分类比赛中，AlexNet、VGGNet、ResNet 和 Inception 等著名的深度学习模型取得了显著的成绩。

这些深度学习模型通过层层堆叠的结构，能够学习到更复杂和更抽象的特征表示，从而有效地提高了图像分类和识别的准确性。AlexNet 是 2012 年在 ImageNet 图像分类竞赛中引入的第一个深度卷积神经网络，它的出色表现引起了深度学习研究者的广泛关注。接着，VGGNet 通过采用更深的网络结构，进一步提高了分类性能。ResNet 则引入了残差学习的概念，解决了深度网络中的梯度消失和梯度爆炸问题，使得网络可以更轻松地训练得更深。而 Inception 系列模型则通过采用不同大小的卷积核和分支结构，提高了网络对图像中不同尺度和复杂度的特征的提取能力。

3) 图像生成和处理

深度学习模型在图像生成和处理方面也取得了令人瞩目的成就。特别是生成对抗网络(GAN)，这种深度学习模型可以生成逼真的图像。GAN 由一个生成器和一个判别器组成，通过对抗训练的方式，生成器不断优化生成图像的质量，而判别器则努力区分真实图像和生成图像。这种对抗训练方式在图像增强、风格转换、图像修复等任务中都取得了很好的效果。

2. 自然语言处理(NLP)

在自然语言处理领域，深度学习利用深度神经网络的强大表达能力和学习能力，实现了文本分类、情感分析、机器翻译和文本生成等任务。这些应用在信息处理、智能助手、自然语言理解和生成等领域具有重要意义。

1) 文本分类和情感分析

深度学习模型在文本分类和情感分析方面的表现较为出色。CNN 和 RNN 等深度学习模型，可以自动对文本进行分类，可以进行情感分析和情感分类。这些模型能够学习到文本中的语义和情感信息，从而判断文本的情绪倾向、文本的主题等。一些常见的应用包括

情感分析、舆情监测、文本分类等。

2) 机器翻译

深度学习在机器翻译领域也取得了重大突破。以 Transformer 模型为代表的深度学习模型，通过编码器-解码器结构和注意力机制，实现了高质量的机器翻译。这些模型能够学习到不同语言之间的对应关系，将源语言句子转化为目标语言句子。深度学习在机器翻译领域的应用已经使得自动翻译质量大幅提升，已被广泛应用于多语言交流和翻译服务中。

3) 文本生成

深度学习模型可以生成自然流畅的文本，主要用于生成文章、对话等任务。RNN 和 Transformer 模型等深度学习模型可以学习到语言的规律和上下文信息，从而生成连贯、有逻辑的文本。这些模型在对话系统、聊天机器人等方面有广泛的应用，可以与人类进行自然的对话和交流。

3. 语音识别和语音合成

在语音识别和语音合成领域，深度学习的应用为语音交互提供了重要支持。它使得我们可以通过语音与计算机进行交流和控制，实现更自然、更高效的人机交互方式。这些应用在语音助手、自动化客服、智能音箱和语音导航等领域具有广泛的应用前景，并提升了人们在语音交互中的体验和效率。

1) 语音转文字

深度学习在语音识别领域也得到了广泛应用，能够将语音信号转换为文字。RNN 和 CNN 等深度学习模型，可以对语音信号进行特征提取和建模，并将其转换为相应的文字。这些模型能够学习到语音信号中的语音单位(音素、单词等)和语音特征，从而实现准确的语音转文字。这种技术广泛应用于语音助手(如 Siri、Google Assistant)和语音输入系统等领域。

2) 语音合成

深度学习模型可以将文字转换为自然流畅的语音。WaveNet 和 Tacotron 等是深度学习模型在语音合成领域取得重要进展的代表。WaveNet 模型基于 GAN 的结构，能够生成高质量、自然流畅的语音。Tacotron 模型则通过序列到序列的转换，将输入的文字转换为对应的语音信号。这些技术在语音助手和自动语音回复系统中发挥着重要作用。

4. 缺陷检测

在工业缺陷检测和医学影像缺陷检测领域，深度学习的应用有助于提高缺陷检测的准确性和效率。深度学习模型能够自动检测和识别缺陷，提前发现问题，并采取相应的措施进行修复或治疗。这些应用对于工业生产质量控制和医学影像诊断具有重要意义。

1) 工业缺陷检测

深度学习在工业缺陷检测方面具有很大的应用潜力。CNN 等深度学习模型可用于对产品表面的缺陷、裂纹、瑕疵等进行自动检测。这些模型能够学习到正常样本和异常样本之间的差异，并能够准确地定位和检测不良产品。深度学习在工业缺陷检测中的应用可以提高生产线的自动化水平，提高产品质量和生产效率。

2) 医学影像诊断

深度学习模型在医学影像诊断方面也具有重要作用。深度学习模型可以帮助医生准确地检测和定位医学影像中的病理性改变，如肿瘤细胞、异常组织等。这些模型能够学习到正常影像和异常影像之间的差异，并能够辅助医生进行病变的诊断和分析。深度学习在医学影像诊断领域的应用可以提高医学影像诊断的准确性和效率，帮助医生更早地发现和治疗疾病。

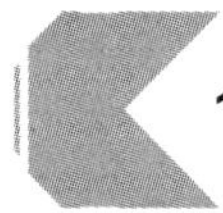

1.3 本书的目标和结构

本书以缺陷检测(如图 1-2 至图 1-4 所示)为核心，介绍深度学习的基本概念、常用模型和在图像处理中的实践技术，帮助读者了解深度学习的原理和应用，并将其应用到缺陷检测任务中。本书从基础的神经网络开始，过渡到卷积神经网络，同时介绍数据处理、模型训练等关键技术，通过理论与实践相结合的方式，帮助读者建立起对深度学习的全面理解，使其能够应用深度学习解决实际问题。

图 1-2 零件表面的损伤示例图

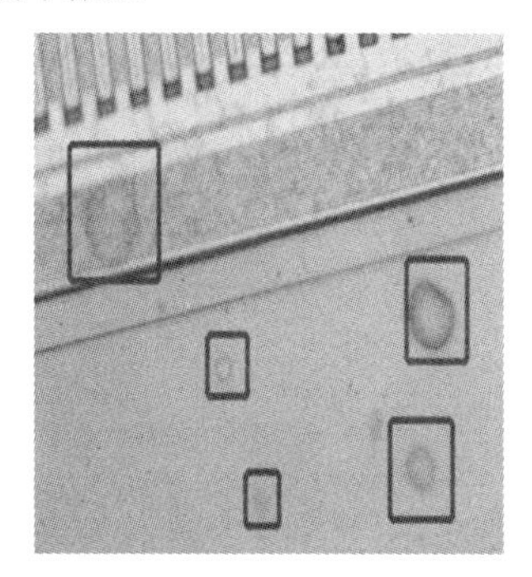

图 1-3 晶圆表面的损伤示例图

图 1-4 森林破坏遥感卫星示例图

在阅读本书之前，读者应该具备一定的数学基础，包括线性代数、概率论和微积分等。此外，具备编程经验和机器学习基础知识也将对理解和实践深度学习有所帮助。在接下来的章节中，我们将深入探讨深度学习的各个方面，从基本原理与工具简介到深度学习实战案例，层层递进。

第 2 章主要介绍深度学习的基础知识，内容包括损失函数、梯度下降、学习率调整等。第 3 章介绍卷积神经网络(CNN)，包括 CNN 的原理、结构和应用。卷积神经网络是在图像处理和计算机视觉领域中广泛应用的重要模型，本章内容的学习，可以为后续实践打下基础。第 4 章介绍图像处理相关内容，涵盖图像处理的多个方面，如图像的缩放、旋转、平移以及其他几何变换。这些技术在实践中有广泛应用，可以为后续的图像识别做铺垫。在深度学习任务中，数据量对模型性能至关重要，第 5 章介绍的图像数据生成技术，可以解决第 7 章中可能遇到的数据不足问题。当然，这些技术不仅可应用于本书案例，还可直接用于其他任务的数据增强。第 6 章介绍图像分类，这一章节以简单的猫狗图像作为示例，引出深度学习在图像识别任务中的应用。通过这个案例，读者将了解如何构建卷积神经网络进行图像分类。第 7 章是重点章节，以晶圆表面缺陷检测为例，介绍目标检测。这是实践部分中最关键的一章，前面几章的学习可为本章打下坚实的基础。第 8 章以语义分割技术为例，讲解如何将深度学习应用于图像分割任务，即深度学习在晶圆缺陷检测方面的应用，是一个拓展应用的案例。

通过本书内容，我们希望读者能够对深度学习有更清晰的认识，并能够在实践中灵活运用深度学习技术。深度学习是一个不断发展的领域，随着技术的不断进步，将会有更多令人兴奋的应用和更广泛的可能性等待我们去探索。因此，我们鼓励读者不断探索和创新，为深度学习领域的发展作出自己的贡献。

第 2 章 深度学习基础知识

本章将探讨深度学习的基础知识，以帮助读者全面理解这一技术，并将其应用于实践中。

首先，本章从线性模型的基础出发，讲解回归和分类问题；详细讨论数据在前向传播和反向传播过程中如何通过网络层转换；探讨不同损失函数的特性及适用场景；深入阐述梯度下降及其变体；讨论如何选择合适的学习率来确保训练效率和稳定性；介绍不同的激活函数以及激活函数的作用和优缺点。然后，为了解决过拟合和欠拟合问题，本章介绍一系列策略来平衡模型复杂度和泛化能力，并讲解正则化技术，这是避免过拟合和提高模型泛化能力的关键。接着，本章将讨论模型的容量、表示容量和有效容量，这对理解模型潜力和限制至关重要。最后，讨论超参数、归一化、参数初始化和模型评估等内容。通过本章的学习，读者将掌握深度学习的关键技术，并能够将这些技术应用于解决现实世界的问题，从而提升模型的性能和实用性。

2.1 线性模型

2.1.1 回归问题

回归问题本质上是根据已有数据的分布来预测可能的新数据，例如，预测房价、未来的天气情况或从银行获得的贷款金额等。回归问题的算法通常利用一系列属性来预测一个值，该值是连续的。

机器学习问题中常见的回归分析方法包括线性回归(Linear Regression)、多项式回归(Polynomial Regression)、逻辑回归(Logistic Regression)和岭回归(Ridge Regression)等。线性

回归是机器学习和统计学中较基础且应用较广泛的模型之一，也是监督学习中的重要问题之一。线性回归一般用于预测输入变量(自变量)和输出变量(因变量)之间的关系，其本质上类似于数学中的$y = ax + b$，对于不同的输入变量，都有一个与之相对应的唯一的输出变量。特别地，当自变量的数量为1时，称为简单回归；当自变量的数量大于1时，称为多元回归。

接下来，通过一个银行贷款金额预测的案例来解释线性回归的基本要素。这个案例的目标是预测一个人能从银行获得多少贷款(以元为单位)。获取的贷款金额取决于许多因素，例如年龄、目前工资、住房面积和存款等。为了简化问题，我们假设可贷款金额只取决于一个人的工资(以元为单位)。现在，我们需要探索可贷款金额这个目标与一个人的工资(以元为单位)这个因素之间的具体关系。

利用线性回归模型，我们可以建立一个数学方程来描述可贷款金额与工资之间的关系。通过分析已有的数据样本，我们可以找到最佳的拟合直线，以预测未知样本的贷款金额。这样，当我们知道一个人的工资时，我们就可以使用线性回归模型来估计这个人能从银行获得的贷款金额。

1. 模型

设一个人的工资为x，可贷款金额为y。我们需要建立基于输入x来计算输出y的表达式，也就是模型(Model)。线性回归假设输出的预测值与各个输入之间是线性关系：

$$\hat{y} = \omega x + \theta \tag{2-1}$$

其中，ω 是权重(Weight)，θ 是偏置项(Bias)。ω 和 θ 均为标量，是线性回归模型的参数(Parameter)。模型输出 $\hat{y}$ 是线性回归对真实价格 y 的预测或估计。通常 $\hat{y}$ 和 y 之间存在偏差，后续我们会通过最小化损失来得到最优的 ω。

2. 模型训练

接下来通过真实数据来寻找模型参数 ω 和 θ，使模型在数据上的误差尽可能小。这个过程叫作模型训练(Model Training)。下面介绍模型训练所涉及的3个要素。

1) 训练数据

通常情况下，我们首先会收集一系列真实的数据作为机器学习分析的基础数据，在本示例中真实数据为一个人的年龄和他目前的存款。而机器学习需要做的就是在这一系列真实数据中进行分析，从而找到一组模型参数，使得模型输出的可贷款金额与真实的可贷款金额的误差最小。在机器学习中，事先获取的真实的数据集通常被称为训练数据集(Training Data Set)或训练集(Training Set)。该训练集中的一个人被称为一个样本(Sample)，其可以获得的贷款金额叫作标签(Label)，用来预测贷款金额的因素称为特征(Feature)，比如这个案例中的特征为年龄和存款。

假设关于可贷款金额的部分数据如表2-1所示。

表 2-1　可贷款金额数据

姓名	个人月收入/万元	可贷款金额/万元
小张	8	12
小柳	9	14
小王	10	17
小赵	12	21
小陈	0.5	2
小白	22	28
小黑	32	33
小周	40	40

将个人月收入和可贷款金额之间的关系通过图的形式展示出来，如图 2-1 所示。

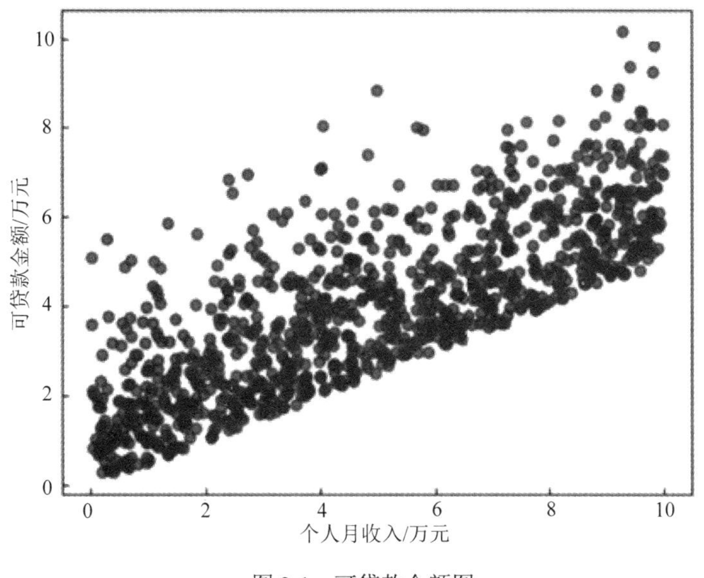

图 2-1　可贷款金额图

表 2-1 给定的数据即为训练集。假设我们所使用的训练集的样本数量为 n，其中索引为 i 的样本的特征记为 $x^{(i)}$。对于索引为 i 的个人，线性回归的可贷款金额预测值 $\hat{y}^{(i)}$ 的表达式为

$$\hat{y}^{(i)} = wx^{(i)} + \theta \tag{2-2}$$

如图 2-2 所示，线性回归的目标就是找到一组最优的 ω 和 θ，使可贷款金额预测值接近表 2-1 中真实的数据集。

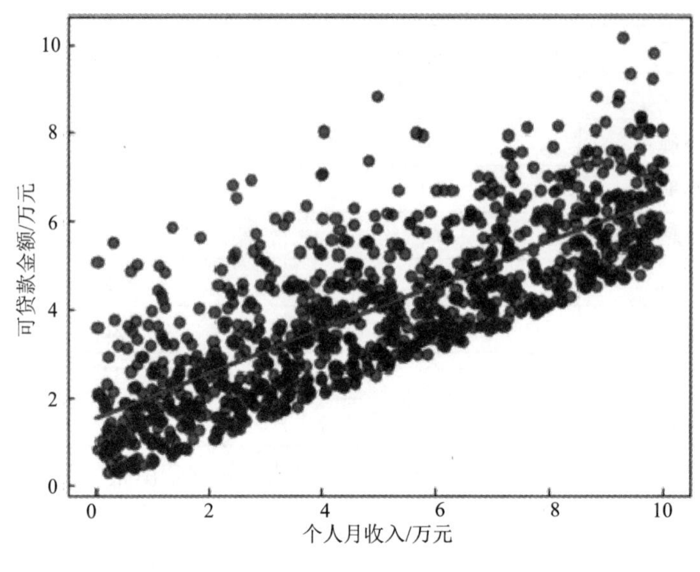

图 2-2　可贷款金额预测图

2) 损失函数

为了获得最优解，训练迭代的方向应朝着比上次迭代更好的方向前进。为了控制训练的方向，我们需要选择一个或多个参数。在这个示例中，我们选择通过比较可贷款金额预测值与真实值之间的误差来控制训练方向，使误差不断减小。通常情况下，我们选择一个非负数作为误差度量，较小的数值表示较小的误差。一个常用的选择是平方函数，通常被称为平方损失函数。它在评估索引为 i 的样本误差时的表达式为

$$l^{(i)}(\omega,b)=\frac{1}{2}(\hat{y}^{(i)}-y^{(i)})^2 \tag{2-3}$$

其中，常数 1/2 是为了使对平方项求导后的常数项系数变为 1，这样在形式上更加简洁一点。显然，误差越小，表示预测值与真实值越相近，且当二者相等时误差为 0。给定训练数据集后，这个误差只与模型参数相关，因此我们将它记为以模型参数为参数的函数。在机器学习中，将衡量误差的函数称为损失函数(Loss Function)。这里使用的平方误差函数称为平方损失(Square Loss)函数。

通常，我们用训练集中所有样本误差的平均值来衡量模型预测的质量，即

$$l(w,b)=\frac{1}{n}\sum_{i=1}^{n}l^{(i)}(w,b)=\frac{1}{n}\sum_{i=1}^{n}\frac{1}{2}(wx^{(i)}+b-y^{(i)})^2 \tag{2-4}$$

在模型训练中，我们希望找出可以使训练样本平均损失最小的一组模型参数，记为 w^* 和 b^*：

$$w^*, b^* = \underset{w,b}{\operatorname{argmin}}\, l(w,b) \tag{2-5}$$

3) 优化算法

平均损失函数 $l(w, b)$对 w 和 b 分别求偏导，具体如下：

$$\begin{aligned}\frac{\partial}{\partial w} l(w,b) &= \frac{1}{n}\sum_{i=1}^{n} x^{(i)}(wx^{(i)} + b - y^{(i)}) = \frac{w}{n}\sum_{i=1}^{n} x^{(i)^2} + \frac{b}{n}\sum_{i=1}^{n} x^{(i)} - \frac{1}{n}\sum_{i=1}^{n} x^{(i)} y^{(i)} \\ &= \frac{1}{n}\left(w\sum_{i=1}^{n} x^{(i)^2} + b\sum_{i=1}^{n} x^{(i)} - \sum_{i=1}^{n} x^{(i)} y^{(i)} \right) \\ &= \frac{1}{n}\left(w\sum_{i=1}^{n} x^{(i)^2} - \sum_{i=1}^{n}\left(y^{(i)} - b\right) x^{(i)} \right)\end{aligned} \tag{2-6}$$

$$\begin{aligned}\frac{\partial}{\partial b} l(w,b) &= \frac{1}{n}\sum_{i=1}^{n} wx^{(i)} + b - y^{(i)} = \frac{w}{n}\sum_{i=1}^{n} x^{(i)} + b - \frac{1}{n}\sum_{i=1}^{n} y^{(i)} \\ &= \frac{1}{n}\left(nb - \sum_{i=1}^{n}(y^{(i)} - ax^{(i)}) \right)\end{aligned} \tag{2-7}$$

当导数为 0 时，可以求得损失函数的最小值，即由上面两个公式可以得到最优解 w^* 和 b^*。

$$\frac{\partial}{\partial w} l(w,b) = 0 \Rightarrow \frac{1}{n}\left(w\sum_{i=1}^{n} x^{(i)^2} - \sum_{i=1}^{n}(y^{(i)} - b) x^{(i)} \right) = 0 \tag{2-8}$$

$$\frac{\partial}{\partial b} l(w,b) = 0 \Rightarrow \frac{1}{n}\left(nb - \sum_{i=1}^{n}(y^{(i)} - ax^{(i)}) \right) = 0 \tag{2-9}$$

最优解为

$$w^* = \frac{\sum_{i=1}^{n} y^{(i)}(x^{(i)} - \overline{x})}{\sum_{i=1}^{n} x^{(i)^2} - \frac{1}{n}\left(\sum_{i=1}^{n} x^{(i)}\right)^2} \tag{2-10}$$

$$b^* = \frac{1}{n}\sum_{i=1}^{n}(y^{(i)} - wx^{(i)}) \tag{2-11}$$

其中，$\overline{x} = \frac{1}{n}\sum_{i=1}^{n} x^{(i)}$。

当模型和损失函数比较简单时，可以直接通过公式求解最小化误差的问题。这种类型的解被称为解析解(Analytical Solution)。线性回归和平方误差正好属于这个范畴。然而，大多数深度学习模型并没有解析解，只能通过优化算法有限次迭代模型参数，以尽可能降低损失函数的值。这种类型的解被称为数值解(Numerical Solution)。在求解数值解的优化算法中，梯度下降(Gradient Descent)是深度学习中广泛使用的方法，将在 2.5 节详细讲解。

2.1.2　分类问题

回归可以用于预测多少的问题，比如银行贷款的最大金额数，或者足球队可能获得的胜利数，又或者电商用户购买可能性等等。

事实上，我们也会对分类感兴趣，但分类的核心问题不是“多少”，而是“哪一个”：

(1) 某个物体的预测框属于哪个锚框？

(2) 该用户收到的邮件是垃圾邮件还是正常邮件？

(3) 一位患者的肿瘤是恶性肿瘤还是良性肿瘤？

在分类问题中，输入数据一般是记录的集合。每条记录用元组表示，即(x, y)，x 是属性集合，y 是特殊的属性，指出了该条记录的标号，又称分类属性或者目标属性。分类任务是通过学习得到一个目标函数 f，将属性集 x 映射到一个预先定义好的类标号 y，所以，分类问题适合预测和描述二元数据集，或者标称类型。

分类过程分为模型构建和模型使用两个阶段。

1. 模型构建

描述一组预先定义的类，假定每个元组或样本属于同一个类，由类标签属性设定，用于构建模型的元组集合称为训练集，模型可以表示为分类规则、决策树和数学公式。

2. 模型使用

测试集：由模型未见过的数据组成，主要用于衡量训练后模型的性能。

准确率：测试样本中显示模型正确预测/分类的样本的比率，如果准确率合适，则可以使用模型来为未知的样本进行分类。

特殊地，对于二分类问题，我们通过一个线性判别函数，对所有样本(x, y) (若为二分类，$y = \{0, 1\}$或$\{-1, 1\}$)，确定一个可以将样本一分为二的边界，这个边界称为决策边界或决策。有了这个边界，对于一个新的样本，根据其特征，便能预测其类属。根据线性判别函数的不同，边界可以是一条直线，或是一个圆，或是一个多边形等。

在类似图 2-2 的回归问题中，各个数据点较为集中地分布在拟合曲线的两侧，而图 2-3 中的各个数据点形成了两个关联度较小的聚落。若此时用回归问题的思路来解决此类问题，则会导致较大的误差。

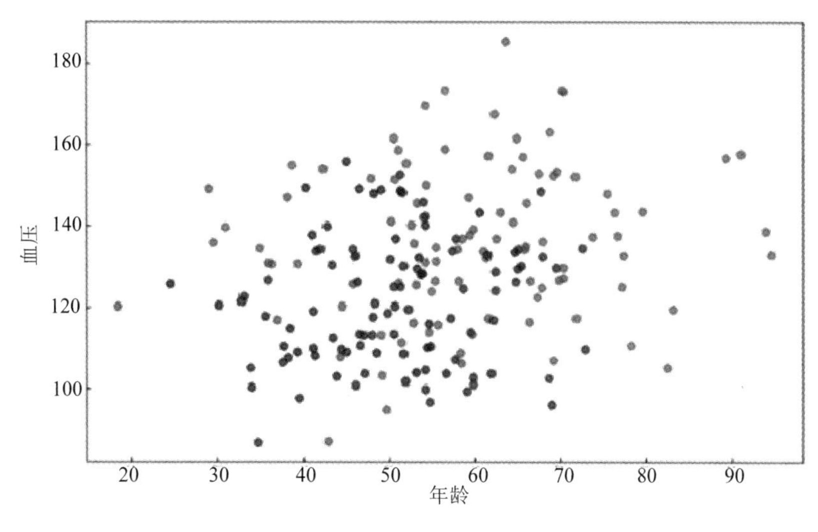

图 2-3　分类问题举例

我们从二元分类入手，在二元分类的情况下，依据贝叶斯公式易得，在分别包含 N_1、N_2 个元素的两个类别 C_1、C_2 中，任取一个元素 x 来自 C_1 的概率为

$$P(C_1|x)=\frac{P(x|C_1)\times P(C_1)}{P(x|C_1)\times P(C_1)+P(x|C_2)\times P(C_2)} \tag{2-12}$$

因此，为了得到 x 属于哪个类别，我们需要分别求出 x 属于 C_1、C_2 的概率，并做比较。x 属于哪个类别的概率更大，就将 x 归入哪个类别，因此我们需要获得 $P(x|C_1)$、$P(x|C_2)$、$P(C_1)$和 $P(C_2)$ 4 个概率值。求出 4 个概率值的过程，就是分类问题的模型训练。

对于多元分类问题，我们一般选择将其转化为 n 个二元分类问题来解决。首先单独取出一类，并将其余 $n-1$ 类划为一类，然后重复此过程，选择概率最大的一类作为最终结果。

2.2　前向传播

神经网络本质上是一个从输入X到输出Y的映射函数。在神经网络中，对神经网络某层节点和其与下一层的对应的连接权重进行加权和运算，将计算的结果再加上一个偏置项，最后通过激活函数得到本层节点的输出，这个计算的过程就是前向传播。

在如图 2-4 所示的简易卷积网络中，设 a 层到 b 层的权重为 $w_{a_ib_j}$，b 层到 y 层的权重为 $w_{b_iy_j}$，则在不考虑偏置项和激活函数的情况下，易得

$$\begin{cases} Y_b = \sum w_{a_i b_j} \times a_i \\ Y_y = \sum w_{b_i y_j} \times b_i \end{cases} \tag{2-13}$$

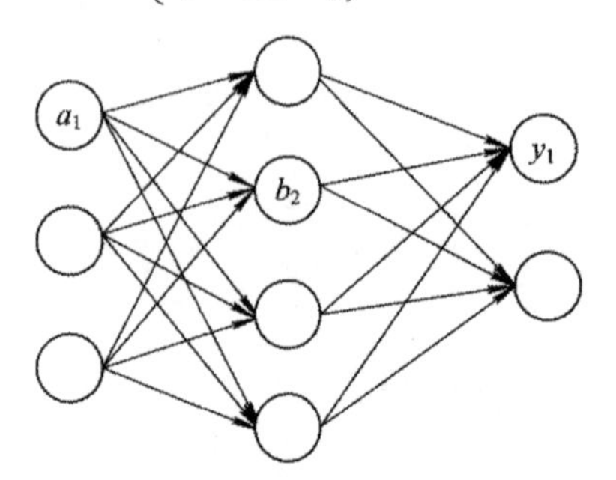

图 2-4　简易的卷积神经网络

因此，可归纳出，对于神经网络的每一层，前向传播的公式均可表示为

$$Y_i = f\left(\sum w_i \times a_i + b\right) \tag{2-14}$$

以 b 层为例，Y 为该层的输出值(又称为激活值)，如果后续还有其他层，那它也是下一层的输入值，a 为上一层的输出值，也是该层的输入值，w 为对应的连接权重，b 为偏置项(bias)，f 为激活函数。每一个隐藏层其实可以看作是一个仿射变换加一个非线性变换。

2.3　反向传播

在分类问题中，我们通过前向传播得到模型的输出结果，然后将其与真实值进行比较，计算它们之间的误差。模型的优劣与误差的大小密切相关，因此我们需要找到一种方法来最小化误差。在深度学习中，梯度下降算法是一种广泛应用的优化算法。

下面以图 2-5 为例讲解一下梯度下降的一般过程。

设最终误差值为 E，且输出层的激活函数为非线性激活函数，那么误差 E 对于输出节点 y_l 的偏导数是 $y_l - t_l$，其中 t_l 是真实值，$\frac{\partial y_l}{\partial z_l}$ 指的是激活函数，z_l 指的是加权和，那么这一层的 E 对于 z_l 的偏导数为 $\frac{\partial E}{\partial z_l} = \frac{\partial E}{\partial y_l} \times \frac{\partial y_l}{\partial z_l}$。同理，下一层也是这么计算的，只不过 $\frac{\partial E}{\partial z_k}$ 的计算方法改变了，反向传播运算一直持续到输入层，最后有 $\frac{\partial E}{\partial z_j} = \frac{\partial E}{\partial y_j} \times \frac{\partial y_j}{\partial z_j}$ 且 $\frac{\partial z_j}{\partial x_j} = w_{ij}$。通

过调整这些过程中的权重，再不断进行前向传播和反向传播的过程，最终可得到一个比较好的结果。

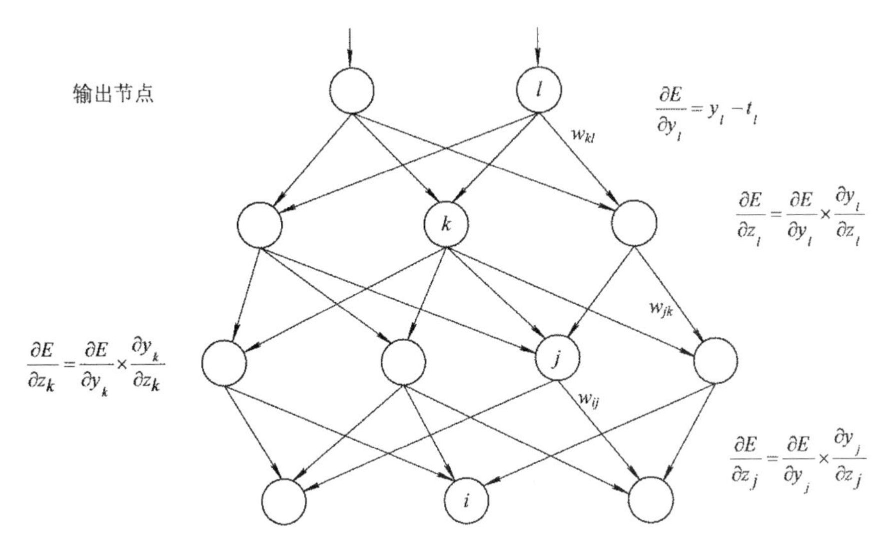

图 2-5　反向传播示例图

2.4　损失函数

2.4.1　损失函数的概念

损失函数(Loss Function)，又被称为误差函数或代价函数，用于衡量算法的运行情况并估计模型的预测值与真实值之间的不一致程度。它是一个非负实值函数，通常用 $L(Y,f(X))$ 来表示。较小的损失函数值表示模型具有更好的鲁棒性。简单来说，每个样本经过模型预测后会得到一个预测值，通过计算预测值与真实值之间的差异可以得到损失值。

2.4.2　损失函数的作用

在深度学习中，损失函数在优化算法中扮演着重要的角色。它用于衡量模型的预测输出与真实标签之间的差异程度，并且还作为训练过程中的目标函数。通过最小化损失函数来调整模型的参数，可以使得模型能够更好地拟合训练数据，并在新的数据上表现良好。

对于回归问题，常见的损失函数包括均方误差(Mean Squared Error)损失函数和平均绝对误差(Mean Absolute Error)损失函数。均方误差损失函数衡量模型的预测值与真实值之间的平方差异，而平均绝对误差损失函数则衡量它们之间的绝对差异。

对于分类问题，常见的损失函数包括交叉熵(Cross Entropy)损失函数和 softmax 损失函数。交叉熵损失函数适用于多分类问题，它通过比较模型的预测概率分布与真实标签的分布来衡量它们之间的差异。而 softmax 损失函数则是交叉熵损失函数的一种特殊情况，适用于具有两个类别的二分类问题。

选择的损失函数是否合适取决于具体的问题和任务要求。例如，对于二分类问题，交叉熵损失函数通常比均方误差损失函数更为适用，因为它可以更好地处理分类概率的差异。而对于回归问题，均方误差损失函数通常是一个常见的选择。

此外，还有其他类型的损失函数，如 Kullback-Leibler 散度损失函数、Huber 损失函数等，它们针对不同的问题和需求提供了更多的选择。

总之，损失函数在深度学习中至关重要，它对模型的训练和优化起着指导性作用。通过选择合适的损失函数，我们可以使模型更好地学习数据的特征，提高模型的性能和泛化能力，接下来介绍一些常见的损失函数。

2.4.3　常见的损失函数

1. 0-1 损失函数

如果预测值与目标值相等，则值为 0；如果不相等，则值为 1。0-1 损失函数的公式为

$$L(Y,f(X))=\begin{cases}1,\ Y\neq f(X)\\0,\ Y=f(X)\end{cases}\tag{2-15}$$

其中，Y 表示目标值，$f(X)$表示预测值。

2. 绝对值损失函数

绝对值损失函数用于计算预测值与目标值的差的绝对值。绝对值损失函数的公式为

$$L(Y,f(X))=|Y-f(X)|\tag{2-16}$$

其中，Y 表示目标值，$f(X)$表示预测值。

3. 平方损失函数

平方损失函数用于计算预测值与目标值的差的平方。平方损失函数的公式为

$$L(Y\mid f(X))=\sum(Y-f(X))^2\tag{2-17}$$

其中，Y 表示目标值，$f(X)$表示预测值。

4. 对数损失函数

对数损失函数计算的是概率值 $P(Y|X)$ (模型预测样本 X 是类别 Y 的概率)取对数后再取负。对数损失函数的公式为

$$L\left(Y, P(Y|X)\right) = -\log P(Y|X) \tag{2-18}$$

其中，Y 表示目标值，X 表示样本。

5. 交叉熵损失函数

交叉熵损失函数计算的是真实标签值和预测标签值的对数值的乘积加 1 减去真实标签值和 1 减去预测标签值的差取对数值的乘积。交叉熵损失函数的公式为

$$C = -\frac{1}{n}\sum\left[y\log(\hat{y}) + (1-y)\log(1-\hat{y})\right] \tag{2-19}$$

其中，y 为真实标签值，$\hat{y}$ 为预测标签值。

6. 指数损失函数

指数损失函数计算的是预测值和目标值相乘后，再取以 e 为底的负指数。指数损失函数的公式为

$$L\left(Y|f(X)\right) = \exp\left[-Yf(X)\right] \tag{2-20}$$

其中，Y 表示目标值，$f(X)$表示预测值。

7. L1 损失函数

L1 损失函数叫作最小化绝对误差(Least Abosulote Error，LAE)。LAE 就是最小化目标值和预测值之间差值的绝对值的和。L1 损失函数的公式为

$$\text{loss}(x, y) = \frac{1}{n}\sum_{i=1}^{n}\left|y_i - f(x_i)\right| \tag{2-21}$$

其中，y_i 表示第 i 个样本的目标值，$f(x_i)$表示第 i 个样本的预测值。

8. L2 损失函数

L2 损失函数，又被称为最小平方误差(Least SquareError，LSE)。总的来说，它是把目标值与预测值的差值的平方和最小化。L2 损失函数的公式为

$$\text{loss}(x, y) = \frac{1}{n}\sum_{i=1}^{n}\left(y_i - f(x_i)\right)^2 \tag{2-22}$$

其中，y_i 表示第 i 个样本的目标值，$f(x_i)$表示第 i 个样本的预测值。

9. 均方误差损失函数

均方误差(Mean Square Error，MSE)用于计算模型预测值 a_i 与样本真实值 y_i 之间差值平

方和的平均值。均方误差损失函数的公式为

$$J(w,b)=\frac{1}{2m}\sum_{i=1}^{m}(a_i-y_i)^2 \tag{2-23}$$

其中，a_i表示第 i 个样本的预测值，y_i表示第 i 个样本的真实值。

2.5　梯度下降

2.5.1　梯度的概念

梯度在数学上一般用来表示某一函数在某点处的方向导数，其值越大，表示该函数在该点处沿该方向的数值变化越快。

对于线性函数来说，梯度为线性函数的斜率。对于二元函数来说，若设二元函数 $z=f(x, y)$ 在平面区域 D 上具有一阶连续偏导数，则对于每一个点 $P(x, y)$都可定出一个向量$\left\{\left(\frac{\partial f}{\partial x}\right),\left(\frac{\partial f}{\partial y}\right)\right\}$，该向量就称为函数 $z=f(x, y)$在点 $P(x, y)$处的梯度。

2.5.2　梯度下降的含义

梯度下降可用现实生活中的例子来进行类比。假设你现在在山顶，想要以最快的速度下山，如果你可以看清自己的位置以及所处位置的坡度，那么沿着坡向下走，最终你会走到山底。但是如果你被蒙上双眼，那么你就只能凭借脚踩石头的感觉来判断当前位置的坡度，精确性就会大大下降，甚至有时候你认为的坡，实际上可能并不是坡，走一段时间后发现没有下山，或者曲曲折折走了好多路才能下山。在梯度下降的过程中，我们所走的一步的距离可抽象为步长，步长决定了在梯度下降过程中沿梯度负方向前进的长度。

为了方便对结果进行研究，我们引入假设函数来对每次得到的结果进行拟合，并引入损失函数来评估模型拟合的程度。通常，损失函数越小，拟合度越高；当损失函数取最小值时，拟合程度最好，对应的模型参数为最优参数。

2.5.3　梯度下降法的一般过程

梯度下降法的一般过程如下：

(1) 确定假设函数和损失函数以及终止距离 ε。

对于线性回归，假设函数表示为 $h_\theta(x_0, x_1, x_2, \cdots, x_n) = \theta_0 x_0 + \theta_1 x_1 + \theta_2 x_2 + \cdots + \theta_n x_n$，其中，$\theta_i\ (i = 0, 1, 2, \cdots, n)$为模型参数，$x_i\ (i = 0, 1, 2, \cdots, n)$为每个样本的 n 个特征值。如果使用平方损失函数，则该假设函数的损失函数为

$$J(\theta_0,\theta_1,\theta_2,\cdots,\theta_n)=\frac{1}{2n}\sum_{i=1}^{n}(h_\theta(x_0^{(i)},x_1^{(i)},x_2^{(i)},\cdots,x_n^{(i)})-y_i)^2 \tag{2-24}$$

式中，y_i 表示第 i 个样本的真实值。

终止距离 ε 是一个超参数，当损失函数的两次迭代中发生的变化量小于终止距离时，停止迭代。

(2) 确定样本点 x 的损失函数的梯度。

当前位置的损失函数的梯度为 $\dfrac{\partial}{\partial\theta_i}J\left(\theta_0,\theta_1,\theta_2,\cdots,\theta_n\right)$。用步长(学习率)乘以损失函数的梯度，可得到下降的距离。若所有的下降距离都小于终止距离 ε，则当前 $\theta_i\ (i = 0, 1, 2, \cdots, n)$ 为最终结果。

(3) 根据梯度下降步长，进行梯度下降迭代。

迭代公式为

$$\theta_i=\theta_i-\alpha\left(\frac{\partial}{\partial\theta_i}J\left(\theta_0,\theta_1,\theta_2,\cdots,\theta_n\right)\right) \tag{2-25}$$

其中 α 表示学习率。若得到的下降距离大于 ε，则根据式(2-25)先对 θ 进行更新，然后再重新计算梯度及下降距离，并比较下降距离与终止距离。

2.5.4　梯度下降法的优缺点

1. 优点

梯度下降法的优点是效率高。在梯度下降法的求解过程中，只需求解损失函数的一阶导数，计算的代价比较小，可以在很多大规模数据集上应用。

2. 缺点

梯度下降法的缺点如下：

(1) 求解的是局部最优值，即由于方向选择的问题，得到的结果不一定是全局最优解。

(2) 步长过小会使得函数收敛速度慢，步长过大又容易找不到最优解。

(3) 靠近极小值时收敛速度减慢。

(4) 可能会“之”字形地下降。

2.5.5 常见的梯度下降法

1. 批量梯度下降法(Batch Gradient Descent，BGD)

批量梯度下降法是梯度下降法中较为常用的形式之一。在批量梯度下降法中，更新参数时需要使用所有的样本。也就是说，假设有 n 个样本，这里求梯度的时候要使用这 n 个样本的梯度数据，即针对的是整个数据集，通过对所有样本的计算来求解梯度的方向。对应的更新公式为

$$\theta_i = \theta_i - \alpha \frac{1}{n}\sum_{i=1}^{n}(h_\theta(x_0^{(i)}, x_1^{(i)}, x_2^{(i)}, \cdots, x_n^{(i)}) - y_i)x_i^{(i)} \tag{2-26}$$

批量梯度下降法可以得到全局最优解，且易于并行实现。然而，由于每次更新时需要在整个数据集上计算所有样本的梯度，因此批量梯度下降法的速度较慢，且当样本数据很多时，计算量开销大。此外，批量梯度下降法无法处理超出内存容量限制的数据集，而且批量梯度下降法也无法在线更新模型，即无法在运行过程中增加新的样本。这意味着一旦模型开始训练，它将使用固定的数据集进行更新，无法实时地适应新的样本。

总的来说，批量梯度下降法在某些情况下可能会受到速度和内存限制的影响，并且无法进行在线学习。针对这些问题，人们提出了各种改进的梯度下降法(如随机梯度下降法和小批量梯度下降法)，以更好地平衡训练速度和内存需求，并支持在线学习。

2. 随机梯度下降法(Stochastic Gradient Descent，SGD)

随机梯度下降法是一种和批量梯度下降法类似的优化算法。批量梯度下降法在每次更新参数时需要使用整个数据集来计算梯度，而随机梯度下降法则仅选取一个样本来计算梯度并更新参数。随机梯度下降法对应的更新公式为

$$\theta_i = \theta_i - \alpha((h_\theta(x_0^{(i)}, x_1^{(i)}, x_2^{(i)}, \cdots, x_n^{(i)}) - y_i)x_i^{(i)}) \tag{2-27}$$

对于大数据集来说，批量梯度下降法在计算过程中会对相似的样本进行梯度计算，因此存在冗余。而随机梯度下降法每次更新时只使用一个样本，从而消除了这种冗余。因此，通常情况下，随机梯度下降法的运行速度更快，同时适用于在线学习的场景。

然而，随机梯度下降法的更新具有高方差，这意味着目标函数的值可能会出现剧烈波动。这是因为每次只使用一个样本来计算梯度，导致更新的方向具有较大的随机性。虽然这可以帮助算法跳出局部最优解，但也增加了收敛的不稳定性。为了解决随机梯度下降法的高方差问题，人们提出了小批量梯度下降法，它在每次更新时使用一小批样本来计算梯度。这种方法综合了批量梯度下降法和随机梯度下降法的优点，可以在一定程度上平衡计算效率和更新稳定性。

随机梯度下降法和批量梯度下降法是两个极端的优化算法，一个使用所有数据进行梯

度下降，而另一个只使用一个样本进行梯度下降。相对于批量梯度下降法，使用随机梯度下降法会显著提高训练速度，但由于单个样本无法代表整个样本空间，可能导致收敛到局部最优点，从而降低准确度。由于随机梯度下降法具有波动性，一方面它可以跳出当前的局部最优点，进入新的潜在的更好的局部最优点；另一方面这种波动性使得最终收敛到特定最小值的过程变得复杂，因为随机梯度下降法会持续波动。

然而，研究已经证明，当学习率缓慢减小时，随机梯度下降法和批量梯度下降法具有相同的收敛行为。对于非凸优化问题，随机梯度下降法可以收敛到局部最小值；对于凸优化问题，它可以收敛到全局最小值。

综上所述，随机梯度下降法在训练速度和收敛行为方面与批量梯度下降法存在权衡。它的快速更新和跳出局部最优点的能力使得它在实际应用中具有广泛的适用性，尤其适用于大规模数据集和在线学习任务。

3. 小批量梯度下降法(Mini-Batch Gradient Descent，MBGD)

小批量梯度下降法综合考虑了批量梯度下降法和随机梯度下降法的优缺点，既避免了像批量梯度下降法一样用整个样本空间更新参数，也避免了像随机梯度下降法一样只用一个样本更新参数时导致的随机性。小批量梯度下降法把数据分为若干批，按批来更新参数。这样，一批中的一组数据共同决定了本次梯度的方向，下降起来就不容易跑偏，减少了随机性。也就是说，对于 m 个样本，我们采用 x 个样本来迭代，其中 $1<x<m$。一般可以取 $x=10$，当然根据样本的数据，可以调整 x 的值。当每次从总样本的第 t 个开始，选取 x 个(包括第 t 个)参与更新参数时，对应的更新公式为

$$\theta_i = \theta_i - \alpha \frac{1}{x} \sum_{i=t}^{t+x-1} (h_\theta(x_0^{(i)}, x_1^{(i)}, x_2^{(i)}, \cdots, x_n^{(i)}) - y_i) x_i^{(i)} \tag{2-28}$$

小批量梯度下降法的优势在于很大程度上降低了参数更新的方差，从而得到了更加稳定的收敛结果。在小批量梯度下降法中，批量的选取对于训练结果的准确性也有相当大的影响。如果批量选取过大，可能会更容易陷入局部最优值，所以在使用小批量梯度下降法时，要选取合适的批量。

4. 在线梯度下降法(Online Gradient Descent，OGD)

在线梯度下降法与小批量梯度下降法或随机梯度下降法相比有一些区别。在在线梯度下降法中，所有的训练数据只使用一次，然后丢弃，而不是像小批量梯度下降法或随机梯度下降法一样使用一个批量或子集的样本进行参数更新。

在线梯度下降法的优点之一是，它能够更加频繁地更新模型参数，因为每个样本都会产生一次参数更新。这使得模型能够更快地适应训练数据中的变化。此外，由于每次参数更新仅基于单个样本，因此在线梯度下降法通常具有更低的内存消耗，适用于处理大型数

据集。

然而，在线梯度下降法也有一些限制和缺点。由于每个样本的噪声可能影响参数更新，在线梯度下降法可能会导致模型参数的不稳定性。此外，由于使用单个样本进行参数更新，在线梯度下降法的收敛速度可能较慢，并且容易陷入局部极小值。

相比之下，小批量梯度下降法和随机梯度下降法使用一个批量或子集的样本来进行参数更新，在一定程度上平衡了模型的稳定性和计算效率。小批量梯度下降法使用一个较小的批量样本，可以降低参数更新的方差，从而实现更稳定的收敛结果。随机梯度下降法使用每个样本进行参数更新，虽然参数更新的方差较大，但可以更快地逼近全局最优解。

总的来说，在线梯度下降法通过每个样本仅使用一次来更新参数，具有频繁更新和较低的内存消耗的优点。然而，它可能受到参数不稳定性和收敛速度较慢的限制。在实际应用中，根据待解决的问题或不同的数据集选择合适的梯度下降方法取决于许多因素，包括数据集的大小、计算资源的可用性和模型的收敛要求。

2.5.6 梯度下降优化算法

1. 动量法

随机梯度下降法(SGD)很难通过陡谷，即在一个维度上的表面弯曲程度远大于其他维度的区域，这种情况通常出现在局部最优点附近。在这种情况下，SGD 摇摆地通过陡谷的斜坡，同时，沿着底部到局部最优点的路径缓慢地前进，这个过程如图 2-6 所示。

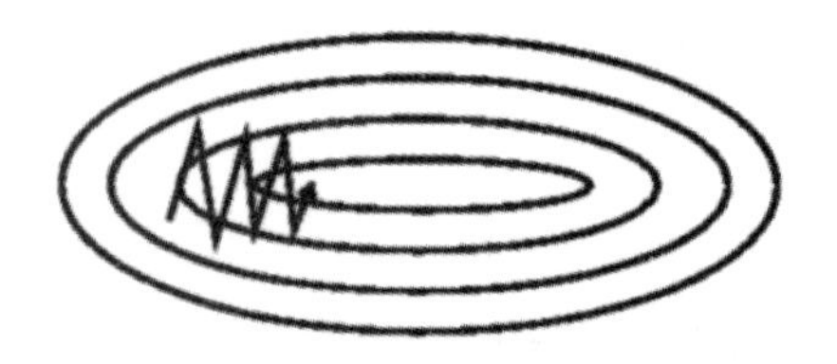

(a) 没有动量的随机梯度下降

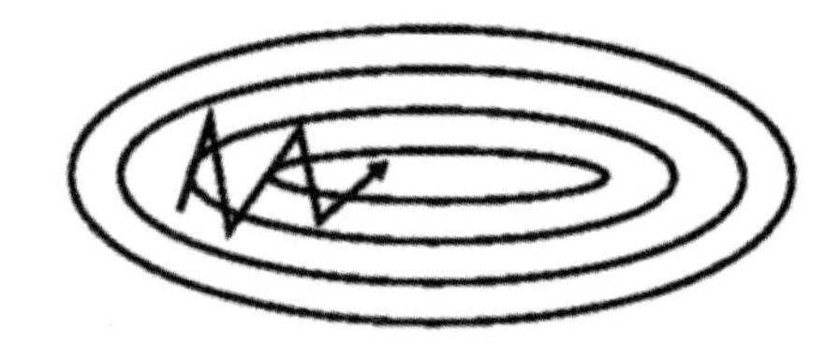

(b) 有动量的随机梯度下降

图 2-6 SGD 传播图

在梯度下降的过程中，梯度运动方向上摇摆的主要原因是当前位置纵轴方向的分量的作用，横轴方向是向着最优点方向的。所以，一方面可以通过减弱纵轴方向的分量来让梯度更新的摇摆减弱，另一方面也可以通过加强横轴方向上的运动使得横轴分量更快地达到极值点。动量法是一种帮助 SGD 在相关方向上加速并抑制摇摆的方法。动量法将历史步长的更新向量的一个分量 γ 增加到当前的更新向量中：

$$\boldsymbol{v}_t = \gamma \boldsymbol{v}_{t-1} + (1-\gamma)\nabla_{\boldsymbol{\theta}} \boldsymbol{J}(\boldsymbol{\theta}) \tag{2-29}$$

$$\boldsymbol{\theta} = \boldsymbol{\theta} - \eta \boldsymbol{v}_t \tag{2-30}$$

其中，动量项 γ 通常设置为 0.9 或者类似的值，$\boldsymbol{\theta}$ 是模型参数，$\nabla_{\boldsymbol{\theta}}\boldsymbol{J}(\boldsymbol{\theta})$是当前参数计算出的梯度估计，$\eta$ 是学习率，$\boldsymbol{v}_{t-1}$ 和 $\boldsymbol{v}_t$ 表示累计梯度，$\boldsymbol{v}_{t-1}$ 和$\nabla_{\boldsymbol{\theta}}\boldsymbol{J}(\boldsymbol{\theta})$参数的取值涉及数学上的一种常用方法，叫指数加权移动平均法。在这种对历史数据加权求和的方式中，距离当前越近的数据权重越大，距离当前越远的数据权重越小。这样不仅实现了历史梯度对当前梯度的修正，而且使得很久之前的训练数据的梯度对当前影响非常小。

通俗地讲，动量法，就像我们从山上推下一个球，球在滚下来的过程中不断累积动量，变得越来越快，直到达到终极速度。如果有空气阻力的存在，则 $\gamma < 1$。同样的事情也发生在参数的更新过程中，对于在梯度点处具有相同的方向的维度，其动量项增大；对于在梯度点处改变方向的维度，其动量项减小。因此，我们可以得到更快的收敛速度，同时可以减少摇摆。

2. Nesterov

对于动量法而言，球从山上滚下的时候，盲目地沿着斜率方向运动，结果往往并不能令人满意。我们希望有一个智能的球，这个球有预知未来的能力，知道它将要去哪儿，以至于在斜率上升时能够知道要减速。Nesterov 加速梯度下降法(Nesterov Accelerated Gradient，NAG)是一种能够给动量项这样的预知能力的方法。动量法通过计算 $\gamma\boldsymbol{v}_{t-1} + (1-\gamma)\nabla_{\boldsymbol{\theta}}\boldsymbol{J}(\boldsymbol{\theta})$来更新参数 $\boldsymbol{\theta}$，为了让计算有预知未来的能力，Nesterov 加速梯度下降法通过计算 $\gamma\boldsymbol{v}_{t-1} + (1-\gamma)\boldsymbol{J}(\boldsymbol{\theta}+\gamma\boldsymbol{v}_{t-1})$ 来更新参数 $\boldsymbol{\theta}$，这样我们就能提前预知梯度更新的方向，通过计算参数未来的近似位置的梯度，而不是当前的参数 $\boldsymbol{\theta}$ 的梯度，来更快地更新梯度。更新公式如下：

$$\boldsymbol{v}_t = \gamma\boldsymbol{v}_{t-1} + (1-\gamma)\boldsymbol{J}(\boldsymbol{\theta}+\gamma\boldsymbol{v}_{t-1}) \tag{2-31}$$

$$\boldsymbol{\theta} = \boldsymbol{\theta} - \eta\boldsymbol{v}_t \tag{2-32}$$

其中，动量项 γ 大约为 0.9，η 是学习率，$\boldsymbol{v}_{t-1}$ 和 $\boldsymbol{v}_t$ 表示累计梯度，$\boldsymbol{\theta}$ 表示模型参数。动量法先计算当前的梯度值(图 2-7 中短的实线向量)，然后在更新的累计梯度(图中长的实线向量)方向上前进一大步；而 Nesterov 加速梯度下降法先在先前累计梯度(图中长虚线的向量)方向上前进一大步，计算梯度值，然后做一个修正(图中点画线的向量)。这种具有预见性的更新可防止我们前进得太快，同时增强了算法的响应能力。

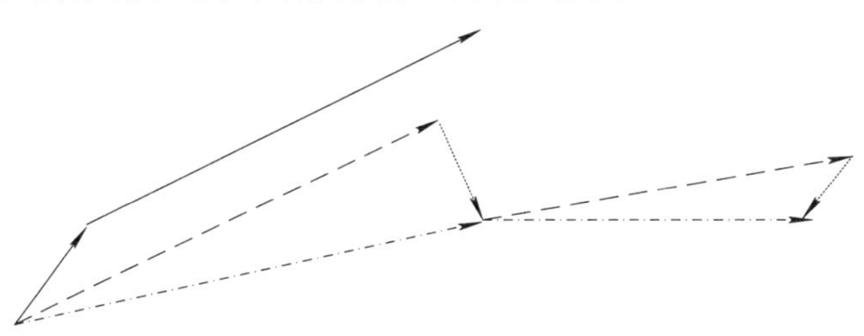

图 2-7　Nesterov 梯度下降图

既然我们可以通过调整参数更新策略来适应误差函数的斜率，从而加速 SGD，同样也可以使得更新策略能够适应每一个单独参数，并且根据每个参数的重要性，决定采用快的或者慢的更新速度。

3. Adagrad

Adagrad 是一种基于梯度的优化算法：让学习率适应参数。也就是说，对于出现次数较少的特征，我们对其采用更大的学习率，对于出现次数较多的特征，我们对其采用较小的学习率。因此，Adagrad 非常适合处理稀疏数据。Dean 等人发现 Adagrad 极大地提高了 SGD 的鲁棒性，并将 Adagrad 应用于 Google 的大规模神经网络的训练，例如 YouTube 视频中猫的识别取得了很好的效果。此外，Pennington 等人利用 Adagrad 训练 Glove 词向量，因为低频词比高频词需要更大的步长。

前面，我们每次更新所有的参数 $\boldsymbol{\theta}$ 时，每一个参数 $\boldsymbol{\theta}_i$ 使用的都是相同的学习率 η；而 Adagrad 在 t 时刻对每一个参数 $\boldsymbol{\theta}_i$，使用了不同的学习率。接下来先介绍 Adagrad 对每一个参数的更新，然后对其向量化。为了简洁，令 $\boldsymbol{g}_{t,i}$ 为在 t 时刻目标函数关于参数 $\boldsymbol{\theta}_i$ 的梯度：

$$\boldsymbol{g}_{t,i} = \nabla_{\boldsymbol{\theta}} \boldsymbol{J}(\boldsymbol{\theta}_i) \tag{2-33}$$

在 t 时刻，对于每个参数 $\boldsymbol{\theta}_i$ 的更新过程变为

$$\boldsymbol{\theta}_{t+1,\,i} = \boldsymbol{\theta}_{t,\,i} - \eta \boldsymbol{g}_{t,i} \tag{2-34}$$

其中，η 表示学习率，$\boldsymbol{\theta}_{t+1,\,i}$ 和 $\boldsymbol{\theta}_{t,\,i}$ 表示模型参数。对于上述的更新规则，在 t 时刻，基于对 $\boldsymbol{\theta}_i$ 计算过的历史梯度，Adagrad 修正了对每一个参数 $\boldsymbol{\theta}_i$ 的学习率：

$$\boldsymbol{\theta}_{t+1,i} = \boldsymbol{\theta}_{t,i} - \frac{\eta}{\sqrt{\boldsymbol{G}_{t,ii} + \varepsilon}} \boldsymbol{g}_{t,i} \tag{2-35}$$

其中，$\boldsymbol{G}_t \in \boldsymbol{R}^{d \times d}$ 是一个对角矩阵，对角线上的元素(i, i)是直到 t 时刻为止，所有关于模型参数 $\boldsymbol{\theta}_i$ 的梯度的平方和(Duchi 等人将该矩阵作为包含所有先前梯度的平方和的完整矩阵的替代，因为即使是对于中等数量的参数 d，矩阵的均方根的计算都是不切实际的)；ε 是平滑项，用于防止除数为 0 (通常大约设置为 1×10^{-8})。比较有意思的是，如果没有平方根的操作，算法的效果会变得很差。

由于 $\boldsymbol{G}_t$ 的对角线上包含了关于所有参数 $\boldsymbol{\theta}$ 的历史梯度的平方和，我们可以通过 $\boldsymbol{G}_t$ 和 $\boldsymbol{g}_t$ 之间的元素向量乘法⊙向量化上述的操作：

$$\boldsymbol{\theta}_{t+1} = \boldsymbol{\theta}_t - \frac{\eta}{\sqrt{\boldsymbol{G}_t + \varepsilon}} \odot \boldsymbol{g}_t \tag{2-36}$$

Adagrad 算法的一个主要优点是无须手动调整学习率。在大多数的应用场景中，通常采用常数 0.01。由于 Adagrad 算法的更新公式中使用 $\boldsymbol{G}_t$ 作为分母，随着迭代次数的增加，

每次迭代都会增加一个正项，在整个训练过程中，累加的和会持续增长。这会导致学习率变小以至于最终变得无限小，在学习率无限小时，Adagrad 算法将无法取得额外的信息。接下来的算法旨在解决这个不足。

4. Adadelta

Adadelta 是 Adagrad 的一种扩展算法，可以处理 Adagrad 学习率单调递减的问题。Adadelta 不像 Adagrad 需要计算所有的梯度平方，它将计算历史梯度的窗口大小限制为一个固定值 w。

在 Adadelta 中，无须存储先前的 w 个平方梯度，而是将梯度的平方递归地表示成所有历史梯度平方的均值。在 t 时刻的均值 $E[\boldsymbol{g}^2]_t$ 只取决于先前的均值和当前的梯度(分量 γ 类似于动量项)：

$$E[\boldsymbol{g}^2]_t = \gamma E[\boldsymbol{g}^2]_{t-1} + (1-\gamma)\boldsymbol{g}_t^2 \tag{2-37}$$

其中，$E[\boldsymbol{g}^2]_t$ 是时间步 t 的梯度平方的期望值或平均值，γ 是衰退率，$E[\boldsymbol{g}^2]_{t-1}$ 是上一时间步 $t-1$ 的梯度平方的期望值或平均值，$\boldsymbol{g}_t$ 是当前时间步 t 的梯度。通常将 γ 设置成与动量项相似的值，即 0.9 左右。为了简单起见，我们利用参数更新向量 $\boldsymbol{\theta}_t$ 重新表示 SGD 的更新过程：

$$\Delta\boldsymbol{\theta}_t = -\eta \boldsymbol{g}_{t,i} \tag{2-38}$$

$$\boldsymbol{\theta}_{t+1} = \boldsymbol{\theta}_t - \Delta\boldsymbol{\theta}_t \tag{2-39}$$

我们先前得到的 Adagrad 参数更新向量变为

$$\Delta\boldsymbol{\theta}_t = -\frac{\eta}{\sqrt{\boldsymbol{G}_t + \varepsilon}} \odot \boldsymbol{g}_t \tag{2-40}$$

其中，$\Delta\boldsymbol{\theta}_t$ 是时间步 t 的参数更新量，$\boldsymbol{G}_t$ 是到时间步 t 为止所有梯度平方的累加和的对角矩阵，ε 是一个常数，$\boldsymbol{g}_t$ 是时间步 t 的梯度。

现在，我们简单将对角矩阵 $\boldsymbol{G}_t$ 替换成历史梯度的均值 $E[\boldsymbol{g}^2]_t$，即

$$\Delta\boldsymbol{\theta}_t = -\frac{\eta}{\sqrt{E[\boldsymbol{g}^2]_t + \varepsilon}} \boldsymbol{g}_t \tag{2-41}$$

上述更新公式中的每个部分(与 SGD、动量法或 Adagrad)并不一致，SGD、动量法或 Adagrad 的 $\boldsymbol{\theta}$ 的更新公式中并没有 $\boldsymbol{\theta}$ 的直接参与，而只使用了梯度，即更新规则中没有与参数具有相同的假设单位。基于此，笔者首次定义了另一个指数衰减均值，这次不是梯度平方，而是参数的平方的更新：

$$E[\Delta\boldsymbol{\theta}^2]_t = \gamma E[\Delta\boldsymbol{\theta}^2]_{t-1} + (1-\gamma) - \Delta\boldsymbol{\theta}_t^{\ 2} \tag{2-42}$$

其中，$E[\Delta\boldsymbol{\theta}^2]_{t-1}$ 是时间步 $t-1$ 的参数更新量平方的期望值，$E[\Delta\boldsymbol{\theta}^2]_t$ 是时间步 t 的参数更新量平方的期望值，γ 是衰退率，$\Delta\boldsymbol{\theta}_t^2$ 是当前时间步 t 的参数更新量的平方。

因此，参数更新的均方根误差公式为

$$\mathrm{RMS}\left[\Delta\boldsymbol{\theta}\right]_t=\sqrt{E\left[\Delta\boldsymbol{\theta}^2\right]_t+\varepsilon} \tag{2-43}$$

其中，$\mathrm{RMS}[\Delta\boldsymbol{\theta}]_t$ 是时间步 t 的参数更新量 $\Delta\boldsymbol{\theta}$ 的均方根，$E[\Delta\boldsymbol{\theta}^2]_t$ 是时间步 t 的参数更新量平方的期望值，ε 是常数。

由于 $\mathrm{RMS}[\Delta\boldsymbol{\theta}]_t$ 是未知的，我们利用参数的均方根误差来近似更新。利用 $\mathrm{RMS}[\Delta\boldsymbol{\theta}]_{t-1}$ 替换先前的更新规则中的学习率 η，最终得到 Adadelta 的更新规则，公式为

$$\Delta\boldsymbol{\theta}_t=-\frac{\mathrm{RMS}[\Delta\boldsymbol{\theta}]_{t-1}}{\mathrm{RMS}[\boldsymbol{g}]_t}\boldsymbol{g}_t \tag{2-44}$$

$$\boldsymbol{\theta}_{t+1}=\boldsymbol{\theta}_t+\Delta\boldsymbol{\theta}_t \tag{2-45}$$

其中，$\mathrm{RMS}[\Delta\boldsymbol{\theta}]_{t-1}$ 是时间步 $t-1$ 的参数更新量 $\Delta\boldsymbol{\theta}$ 的均方根误差，$\mathrm{RMS}[\boldsymbol{g}]_t$ 是时间步 t 的梯度 $\boldsymbol{g}_t$ 的均方根值。

5. Adam

自适应矩估计(Adaptive Moment Estimation，Adam)是一种自适应学习率的算法，Adam 对每一个参数都计算自适应的学习率。除了像 Adadelta 一样存储一个指数衰减的历史平方梯度的平均值 $\boldsymbol{v}_t$，Adam 同时还保存一个历史梯度的指数衰减均值 $\boldsymbol{m}_t$，类似于动量：

$$\boldsymbol{m}_t=\beta_1\boldsymbol{m}_{t-1}+(1-\beta_1)\boldsymbol{g}_t \tag{2-46}$$

$$\boldsymbol{v}_t=\beta_2\boldsymbol{v}_{t-1}+(1-\beta_2)\boldsymbol{g}_t^{\ 2} \tag{2-47}$$

其中，$\boldsymbol{m}_t$ 和 $\boldsymbol{v}_t$ 分别是对梯度的一阶矩(均值)和二阶矩(非确定的方差)的估计，$\boldsymbol{g}_t$ 表示梯度值，β_1 和 β_2 表示衰减率，正如该算法的名称。当 $\boldsymbol{m}_t$ 和 $\boldsymbol{v}_t$ 初始化为 0 向量时，Adam 的提出者发现它们都偏向于 0，尤其是在初始化的步骤和当衰减率很小的时候(例如 β_1 和 β_2 趋向于 1)。

通过计算偏差校正的一阶矩和二阶矩估计来抵消偏差，公式为

$$\hat{\boldsymbol{m}}_t=\frac{\boldsymbol{m}_t}{1-\beta_1^{\ t}} \tag{2-48}$$

$$\hat{\boldsymbol{v}}_t=\frac{\boldsymbol{v}_t}{1-\beta_2^{\ t}} \tag{2-49}$$

其中，$\boldsymbol{m}_t$ 是时间步 t 的一阶矩，即梯度的指数移动平均值；$\hat{\boldsymbol{m}}_t$ 是校正后的一阶矩；β_1 是衰减率参数；$\boldsymbol{v}_t$ 是时间步 t 的二阶矩，即梯度的平方指数移动平均值；$\hat{\boldsymbol{v}}_t$ 是校正后的二阶矩；β_2 是衰减率参数。

正如我们在 Adadelta 中看到的那样，他们利用上述的公式更新参数，由此生成了 Adam

的更新规则：

$$\Delta\boldsymbol{\theta}_{t+1} = \boldsymbol{\theta}_t - \frac{\eta}{\sqrt{\hat{\boldsymbol{v}}_t} + \varepsilon}\hat{\boldsymbol{m}}_t \tag{2-50}$$

其中，$\Delta\boldsymbol{\theta}_{t+1}$ 表示下一时间步 $t+1$ 的参数向量，$\boldsymbol{\theta}_t$ 是当前时间步 t 的参数向量，η 是学习率。

建议 β_1 取默认值 0.9，β_2 取 0.999，ε 取 10^{-8}。他们从经验上表明 Adam 在实际中表现很好，同时，与其他的自适应学习算法相比，其更有优势。

2.6　学习率

2.6.1　学习率的概念

在机器学习中，学习率被广泛应用到监督学习中。监督学习是指先定义一个模型，然后通过对训练集上的数据进行训练，最终得到最优的参数结果，使得模型有很好的泛化能力。在这个优化的过程中，我们常用梯度下降法来最小化模型误差，从而优化模型参数。梯度下降法通过多次迭代并在每一步中最小化成本函数(Cost)来更新模型的参数，在迭代过程中利用学习率(Learning Rate)可控制模型的学习进度。

在梯度下降法中，若设置固定学习率，则极有可能会导致训练结果无法收敛，一直在最小值附近盘旋。因此，在模型优化的迭代前期，我们会设置较大的学习率，这样前进的步长就会较长，便能以较快的速度进行梯度下降；而在迭代优化的后期，我们会通过学习率衰减逐步减小学习率的值，这样就有助于算法的收敛，更容易接近全局最优解。

2.6.2　学习率衰减方法

1. 指数衰减

指数衰减是指以指数衰减方式进行学习率的更新，学习率的大小与训练次数呈指数相关。其更新规则为

$$\text{decayed\_learning\_rate} = \text{learning\_rate} \times \text{decay\_rate}^{\frac{\text{global\_step}}{\text{decay\_steps}}} \tag{2-51}$$

其中，decayed_learning_rate 表示衰减后的学习率；learning_rate 表示衰减前的学习率；decay_rate 是一个超参数，表示衰减率；global_step 表示迭代次数；decay_step 表示阶梯式衰减的大小。这种衰减方式简单直接，收敛速度快，是最常用的学习率衰减方式。学习率

随训练次数的指数衰减方式如图 2-8 所示。

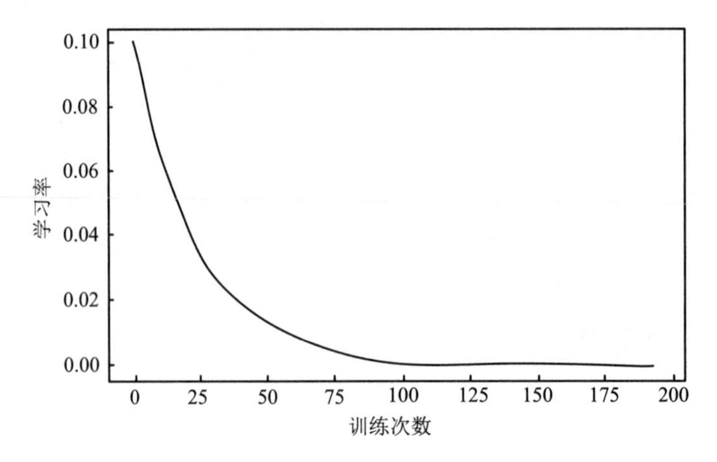

图 2-8　学习率指数衰减图

2. 分段常数衰减

分段常数衰减需要事先定义好训练次数区间，在对应区间设置不同的学习率的常数值。一般情况下，刚开始时学习率要大一些，之后要越来越小。要根据样本量的大小设置区间的间隔大小，样本量越大，区间间隔越小。图 2-9 即为分段常数衰减的学习率变化图，横坐标代表训练次数，纵坐标代表学习率。

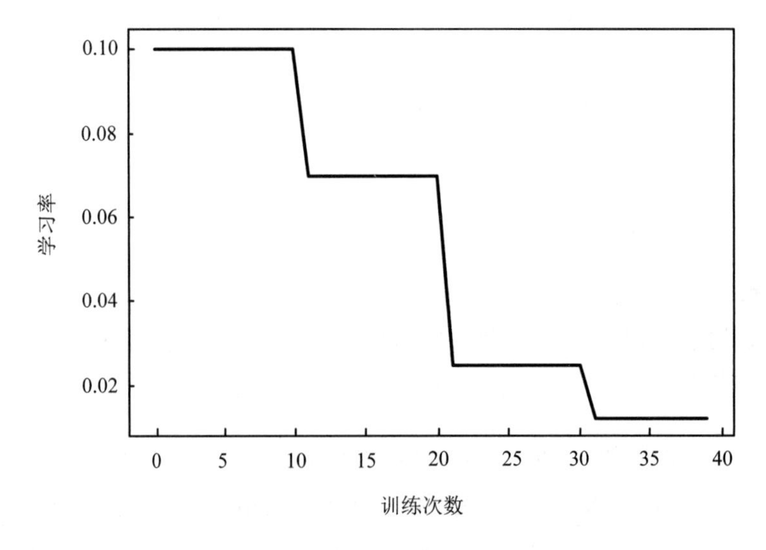

图 2-9　学习率分段常数衰减图

3. 自然指数衰减

自然指数衰减与指数衰减方式很相似，它们的不同点在于，自然指数衰减的衰减底数是 e，故而其收敛的速度更快，一般用于相对比较容易训练的网络，便于较快地收敛。其更新规则如下：

$$\text{decayed\_learning\_rate} = \text{learning\_rate} \times e^{\frac{-\text{global\_step}}{\text{decay\_steps}}} \tag{2-52}$$

图 2-10 为分段常数衰减、指数衰减、自然指数衰减三种方式的对比图。明显可以看到，自然指数衰减方式下的学习率衰减程度要大于一般指数衰减方式，有助于更快地收敛。

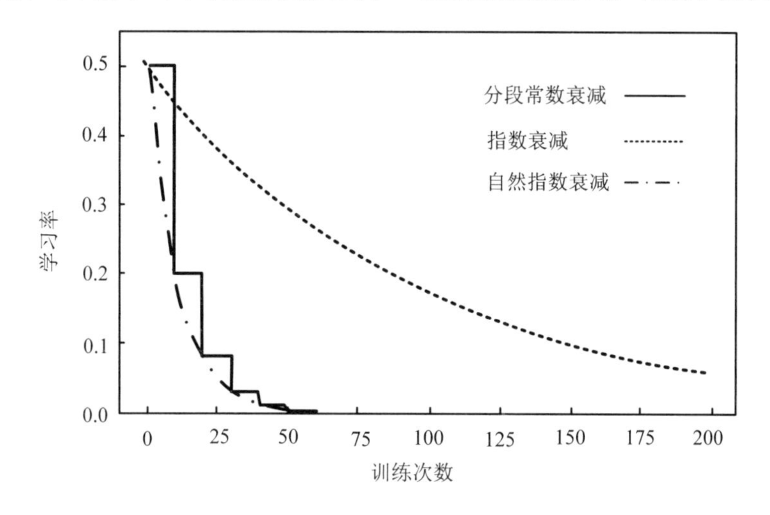

图 2-10　学习率衰减对比图

2.7 激活函数

2.7.1 激活函数的概念

对于人工神经网络来说，在没有引入激活函数之前，它的输入和输出都是线性组合，网络不易收敛且学习能力有限。为了解决这样的问题且增强网络的非线性表示能力，激活函数(Activation Function)应运而生。激活函数将非线性特性引入神经网络中，可以使得神经网络任意地逼近任何非线性函数，这样神经网络就可以应用到非线性模型中。例如在图 2-11 中，输入的 x_1，x_2，…，x_n 通过加权求和后，再经过一个函数 f，所得到的值就是激活值，这个函数f就是激活函数。

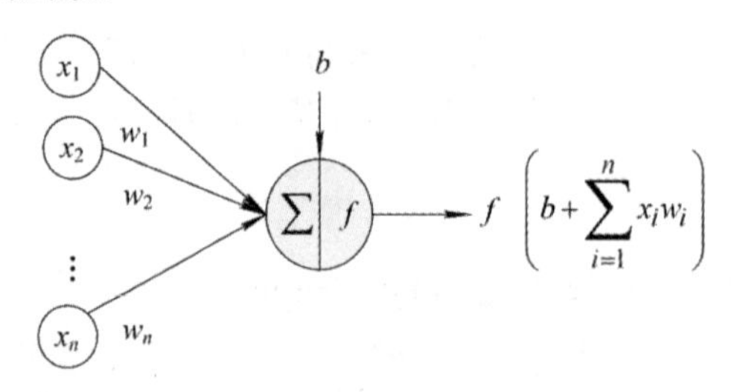

图 2-11　激活函数应用举例

2.7.2　常见的激活函数

1. Sigmoid 函数

Sigmoid 函数又叫 Logistic 函数，可以看作是一个“挤压”函数。该函数作用在隐藏层神经元的输出上，取值范围为(0，1)，它可以将任意一个实数映射到(0，1)的区间内，可以用来做二分类。当输入的实数在 0 的附近时，Sigmoid 函数近似于一个线性函数，输入值处于激活状态。当输入的实数处于两端时，输出的值越靠近 0 或 1，输入值处于被抑制的状态，这种情况下梯度接近于 0，网络在反向传播的过程中权重更新变得缓慢。当特征相差不是特别大时，Sigmoid 函数提供了平滑的梯度过度，从而可了解到特征的细微差别，表现出较好的分类效果。

Sigmoid 函数由下列公式定义：

$$S(x)=\frac{1}{1+e^{-x}} \tag{2-53}$$

Sigmoid 函数的图像如 S 曲线，如图 2-12 所示。

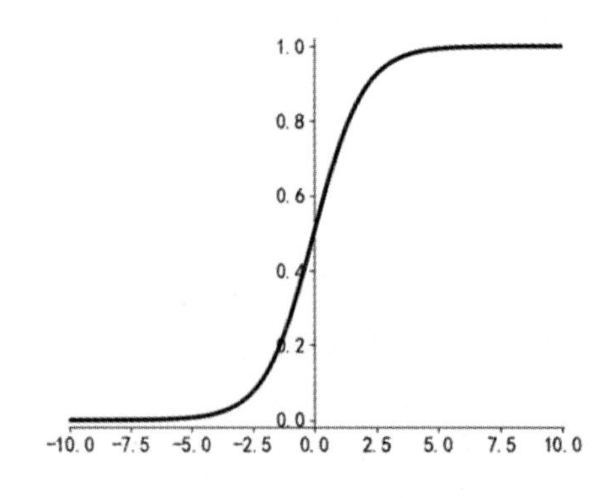

图 2-12　Sigmoid 函数图像

Sigmoid 函数具有以下优缺点。

(1) 优点：函数连续、易于求导，且值被压缩到 0 到 1 之间，正好对应于概率的 0 到 1。

(2) 缺点如下：

① 从 Sigmoid 函数的图像可以观察到，该函数不是以 0 为中心的，通过 Sigmoid 函数处理后的所有值都会被映射到 0 到 1 的区间内。

② Sigmoid 函数的导数(即切线斜率)总是正的，这表明无论输入值是正还是负，经过 Sigmoid 函数求导后得到的梯度都将是正值。这一特性在神经网络的反向传播阶段意味着权重更新会往同一方向调整，可能会导致收敛到局部最优解的过程中出现效率低下的情况。

③ Sigmoid 函数具有饱和性，即当输入值的绝对值非常大时，函数的输出会非常接近 0 或 1，而在这些区域，函数的梯度接近于 0。在多层神经网络中，这种效应会导致梯度在反向传播时逐层减小，最终可能变得非常微小，以至于权重几乎不更新，这就是梯度消失问题。梯度消失会使得网络难以学习并调整深层的参数，从而影响深层网络的训练效果。

④ Sigmoid 函数图像处在 x 轴上方，对于任何输入值，它都会输出一个介于 0 到 1 之间的值，这就会导致一个问题，无论输入多少，Sigmoid 函数的输出都不是 0 均值的，从而导致后层的神经元的输入是非 0 均值的，这会进一步使得梯度下降收敛的速度减缓。

⑤ 计算复杂度高，这是因为 Sigmoid 导数是指数形式的。

⑥ 将数据输入 Sigmoid 函数中时，除靠近 0 和 1 的输出值外的值都处于激活状态，如果这一部分值的数量很少，可能导致神经网络过度稀疏。

2. tanh 函数

tanh 函数就是双曲正切函数。tanh 函数是在 Sigmoid 函数之后提出的，当然也解决了 Sigmoid 函数的一些问题，比如 tanh 函数的输出是以 0 为中心的。其函数表达式为

$$\tanh(x)=\frac{e^{x}-e^{-x}}{e^{x}+e^{-x}} \tag{2-54}$$

其图像如图 2-13 所示，可以看出这个函数是一个奇函数。

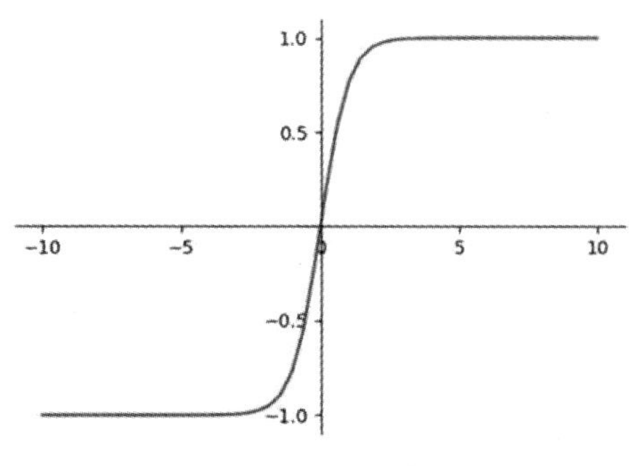

图 2-13　tanh 函数图像

3. ReLU 函数

ReLU(Rectified Linear Unit，修正线性单元)函数是目前深度神经网络中较常使用的一种不饱和的激活函数。其表达形式如下：

$$f(x)=\max(0,x) \tag{2-55}$$

从表达式中可以明显地看出，ReLU 的值是非负的，不是全区间可导的。

其函数图像如图 2-14 所示。

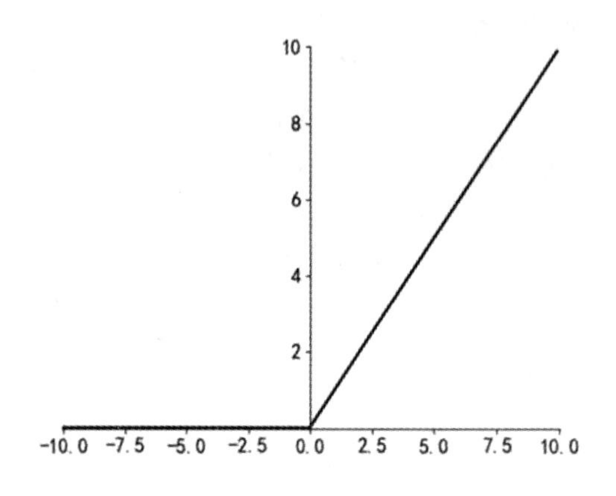

图 2-14　ReLU 函数图像

虽然 ReLU 函数的数学表达式和图像都非常直观简单，但它在深度学习中的应用却极为重要，尤其是在深度神经网络的训练中，ReLU 能有效减轻梯度消失的问题，这对于优化复杂网络模型非常重要。ReLU 函数有以下优缺点：

(1) 优点如下：

① 当 $x>0$ 时，其导数恒为 1，在反向传播的过程中不存在梯度衰减的问题，这在一定程度上解决了梯度消失的问题，加快了梯度的收敛速度。

② 计算非常简单，只需要进行加、乘和比较的运算即可，再加上导数恒为 1，导数也几乎不用计算。

基于以上两个优点，ReLU 函数的收敛速度要远远快于 Sigmoid 函数和 tanh 函数。ReLU 函数在输入小于 0 时直接将激活值设为 0，这就使得神经网络的很大一部分神经元处于激活状态，从而使得网络不过于稀疏化，这样就能够在一定程度上防止过拟合。

(2) 缺点：会出现 ReLU 死亡现象，即当某隐藏层输入值为负的时候，由于 ReLU 函数的特性，负值会被激活成零，这样这层的梯度将永远是零，权值永远得不到更新。

4. ReLU 函数的变种

为了进一步解决 ReLU 函数的问题，产生了 ReLU 函数的很多变种，具体如下。

1) LeakyReLU 函数

LeakyReLU 函数可定义为

$$\text{LeakyReLU}(x) = \max(0, x) + \text{negative\_slope} \times \min(0, x) \tag{2-56}$$

其中 negative_slope 表示负斜率。其函数图像如图 2-15 所示。

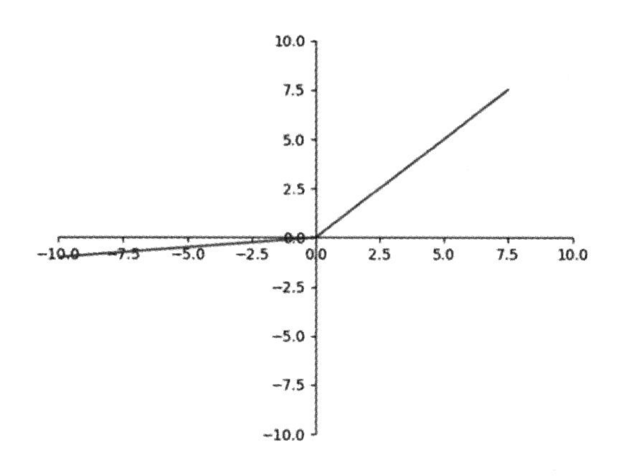

图 2-15　LeakyReLU 函数图像

2) SiLU 函数

SiLU 函数是非线性激活函数，是 ReLU 函数和 Sigmoid 函数的改进版本，相比于 ReLU 函数和 Sigmoid 函数能更加有效地获得非线性能力。

SiLU 函数可定义为

$$\text{SiLU}(x) = x \times \sigma(x) \tag{2-57}$$

其中，$\sigma(x)$是 Sigmoid 激活函数。其函数图像如图 2-16 所示。

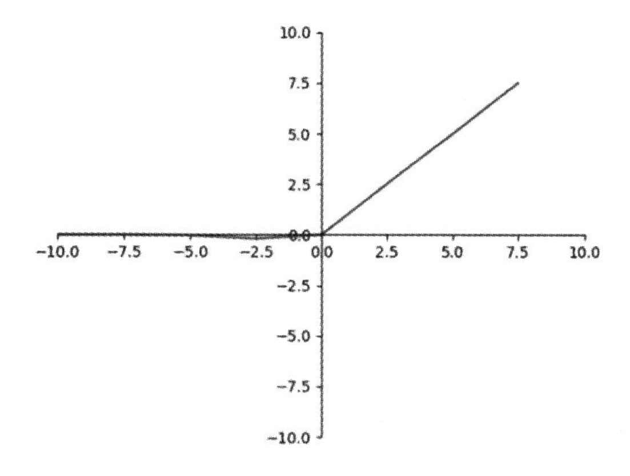

图 2-16　SiLU 函数图像

2.8 拟合问题及其策略

在平时训练深度学习模型的过程中，欠拟合和过拟合是经常出现的，本节将介绍什么是欠拟合和过拟合，以及在遇到时应该怎样处理它们。

1. 过拟合和欠拟合

机器学习最大的挑战是经过训练的模型可以在模型从来没有见过的数据上表现良好，而不只是在模型见过的数据上表现良好。模型在没有见过的数据上的表现能力又称泛化能力，泛化能力的强弱与欠拟合和过拟合直接相关。通常，我们为了训练出一个优秀的模型，我们需要降低训练误差，并缩小训练误差与测试误差之间的差异，这两个目标又分别对应于解决机器学习中的两个主要挑战：欠拟合和过拟合。

欠拟合表现为模型在训练集上的表现差，在测试集上的表现同样很差，这通常是因为模型复杂度不足，无法捕捉到数据中的有效规律。过拟合表现为模型过度地学习训练数据中的细节和噪声，导致在训练样本中的表现过于优越，而在验证集以及测试集上的表现不佳，失去了对未见过的数据的预测能力，两者均是泛化能力弱的表现。

2. 欠拟合的解决办法

欠拟合的解决办法如下：

(1) 通过引入新的特征项、分析特征间的相关性，以及融入上下文信息，可以丰富特征集，使模型能够捕捉到更多的信息。

(2) 通过引入多项式特征来扩展线性模型的表现力，具体做法是在线性模型中添加二次项、三次项或更高阶项，从而使得模型能够捕捉到数据中的非线性关系，增加模型的泛化能力。

(3) 可以适当地增加模型的复杂程度。

(4) 减小正则化系数。正则化是用来防止过拟合的，如果模型出现了欠拟合，就需要减小正则化系数。

3. 过拟合的解决办法

过拟合的解决办法如下：

(1) 重新清洗数据。数据不纯会导致过拟合，此类情况需要重新清洗数据。

(2) 增加训练样本数量。使用更多的训练数据是解决过拟合较为有效的手段。我们可以通过一定的规则来扩充训练数据，比如在图像分类问题上，可以通过图像的平移、旋转、缩放、加噪声等方式扩充数据，也可以通过无监督学习的 DCGAN 来合成大量的新的训练数据。

(3) 降低模型的复杂程度。适当地降低模型的复杂程度可以避免模型拟合过多的噪声数据。

(4) 增大正则化系数，给模型的参数加上一定的正则约束，比如将权重的大小引入损失函数中。

(5) 采用 Dropout 方法，通俗地讲就是在训练的时候让神经元以一定的概率不工作。

(6) 提前停止训练、减少迭代次数、增大学习率。

2.9 正则化

2.9.1 正则化的概念

深度学习在训练模型的过程中存在过拟合现象，有两个主要的解决方法：一个是通过正则化来限制模型的复杂程度，另一个是准备更多的数据。虽然准备更多的数据是非常可靠的方法，但可能无法时时刻刻准备足够多的训练数据，而且获取更多数据的成本很高；而正则化可以用很小的代价避免过拟合或减少网络误差。正则化就是一种用于减少模型过拟合的技术，它通过在损失函数中添加一个额外的惩罚项来实现。这个惩罚项通常与模型的复杂度相关，目的是平衡模型在训练数据上的拟合度和在未见数据上的泛化能力。

2.9.2 权重衰退

权重衰退是一种比较常用的正则化方法，能在一定程度上避免过拟合的发生。具体做法是根据损失函数进行反向传播更新参数时，引入一个衰退系数，即

$$\boldsymbol{\theta}_i = (1-\sigma)\boldsymbol{\theta}_{i-1} - \alpha \boldsymbol{g}_i \tag{2-58}$$

其中，$\boldsymbol{g}_i$ 是第 i 步更新时的梯度；a 是学习率；σ 是衰退系数，其取值一般是很小的，比如为 0.0006。

2.9.3 提前停止

提前停止是一种常用的正则化方法，可用于控制深度神经网络的训练过程，避免过拟合。虽然提前停止对于浅层网络效果有限，但在深度神经网络中却能发挥重要作用。由于深度神经网络具有强大的拟合能力，容易在训练集上出现过拟合现象，因此我们经常使用

划分数据集的方法，例如划分为训练集、验证集和测试集。其中，验证集用于实施提前停止策略。

提前停止的基本思想是，在训练过程中使用训练集来训练网络，在每次训练完成后使用验证集来评估模型性能。通过观察验证集上的误差变化，可以间接评估模型的泛化能力，从而判断模型是否过拟合。在实际任务中，验证集上的误差率可能会出现起伏变化。通常情况下，当验证集上的误差在 50 到 100 个训练周期内不再下降时，我们会选择提前停止网络的训练。

提前停止的原理是基于模型在训练过程中的学习曲线。在开始阶段，模型的性能逐渐提高，误差减少；然而，随着训练的继续，模型可能会过拟合训练数据，导致在验证集上的误差开始增加。因此，当验证集上的误差不再下降时，可认为模型已经达到了最佳性能，进一步训练可能会导致过拟合。此时，我们停止训练，保留性能最佳的模型。

提前停止的优点在于它简单易用且有效。它可以帮助我们选择适当的训练轮数，防止过拟合的发生，并提高模型在未见过的数据上的泛化能力。然而，提前停止也存在一些潜在的缺点。例如，选择合适的停止点时可能带有一定的主观性，并且在某些情况下可能会导致过早停止训练，从而错过了进一步改进模型性能的机会。

通过合理选择停止点，可以在权衡训练时间和模型性能的同时，取得较好的结果。在实际应用中，我们可以根据具体任务和数据集的特点，结合交叉验证等技术，灵活运用提前停止策略，提升深度神经网络的性能。

2.9.4 Dropout 正则化

Dropout 操作是一种广泛应用的正则化方法，可以有效缓解过拟合问题，在网络的训练阶段发挥着重要作用。它是通过随机丢弃一定比例的神经元来缓解网络的过拟合问题的。在每次迭代的过程中，Dropout 会使一部分神经元处于不激活的状态，然后在修改后的网络上进行前向传播和反向传播。这种随机丢弃神经元的方法可以减少神经元之间的复杂共适应关系。

Dropout 的主要原理是通过随机丢弃神经元，降低网络中神经元之间的依赖性。由于每次 Dropout 都会随机丢弃一部分神经元，所以每次 Dropout 后的网络中包含的神经元很可能是不同的。这样，在训练过程中，网络权重的更新就不会依赖于固定的隐层节点之间的关系。这种随机性使得网络中任意一个神经元不会对与其直接相连的神经元过于敏感，从而使网络能够学习到更加泛化的特征，提高网络的性能并避免过拟合。

Dropout 的缺点如下：

(1) Dropout 导致每次迭代中的网络结构不同，这使得成本函数无法被明确定义，无法保证成本函数单调递减。这给网络的训练过程带来一定的挑战。

(2) 引入 Dropout 后，网络相当于原始网络的一个子网络，训练时间会显著增加。因为每次训练都相当于在子网络上进行，为了达到相同的精度，需要更多的训练次数。一般来说，引入 Dropout 后，网络的训练时间会增加 2 到 3 倍。

在实际应用中，我们可以根据数据集的大小和复杂性，以及模型的训练需求和时间限制，权衡使用 Dropout 的程度。通过合理的调整和结合其他正则化技术，可以最大限度地发挥 Dropout 的优势，提高模型的泛化能力和性能。

2.10　模型的容量、表示容量和有效容量

在深度学习中，模型的容量(Capacity)是一个重要的概念，它描述了模型的拟合能力和表达能力的大小。本节将详细探讨模型的容量以及与之相关的表示容量和有效容量的概念，并讨论它们在实际应用中的意义和影响。

模型的容量是指模型可以拟合的函数空间的大小。容量低的模型可能会在训练集上产生欠拟合，即模型无法很好地拟合目标函数。这是因为容量低的模型受限于较简单的函数形式和参数数量，无法捕捉到数据中的复杂关系。例如，线性模型只能表示线性关系，对于非线性问题表现较差。相反，容量高的模型可以更好地适应复杂的目标函数。它们具有更多的参数和更大的灵活性，能够表示更复杂的函数关系。然而，高容量模型也容易过拟合，即在训练集上表现出色，但在未见过的数据上表现较差。过拟合是因为模型过度学习了训练集中的噪声和细节，而无法泛化到新数据。

除了容量，我们还引入了表示容量和有效容量的概念。表示容量指的是模型能够表示的函数空间的大小，即模型可以表示的各种函数形式和结构的多样性。然而，仅仅具备较大的表示容量并不意味着模型能够有效地利用它。有效容量考虑了模型的学习算法和实际训练过程中的因素，它指的是模型在实际训练中能够有效利用的容量。

在实际应用中，我们需要根据任务的复杂性和数据集的特点来选择合适的模型容量。如果选择的容量过低，则模型可能无法很好地拟合目标函数，导致欠拟合。如果选择的容量过高，则模型可能过度拟合训练集，无法泛化到新数据。因此，选择合适的容量是一个需要权衡的过程，需要结合领域内的相关知识和经验进行调整。

此外，合适的正则化技术和优化算法也可以影响模型的容量和泛化能力。正则化技术可以通过限制模型参数的大小或加入惩罚项，防止模型过拟合。优化算法中的学习率、批量大小等超参数的选择也会对模型的容量和训练效果产生影响。

综上所述，对模型的容量、表示容量和有效容量的理解对于深度学习的实践至关重要。它帮助我们在选择合适的模型复杂度时进行权衡，并指导我们在训练过程中采取适当的正则化和优化策略。通过合理的容量选择和优化方法，我们可以提高模型的泛化能力，实现更好的性能和应用效果。

2.11　超参数

2.11.1　超参数的种类

深度学习模型中有两类超参数：

(1) 从训练数据中学习和估计得到的最优参数，称为模型参数(Parameter)，即模型本身的参数，比如卷积核大小和批量归一化层参数。

(2) 深度学习算法中的调优参数(Tuning Parameter)，用来控制深度学习算法的行为。这种参数不是通过学习获得的，是需要人为设定的，比如学习率、卷积核的尺寸、网络的层数、批量样本数量(Batch Size)、不同优化器的参数以及部分损失函数的可调参数。

2.11.2　超参数怎样影响模型性能

深度学习中，存在许多影响模型容量和有效容量的超参数。以下是一些与容量相关的超参数：

(1) 学习率。学习率是反向传播和梯度下降中使用的重要参数。选择合适的学习率可以提高模型的有效容量，从而更好地优化当前任务。

(2) 损失函数的超参数。损失函数的超参数可以对优化产生重要影响。选择不合适的超参数可能导致难以优化模型，即使对于目标很合适的损失函数也会降低模型的有效容量。

(3) 批量样本数量。在深度学习训练中，批量样本数量的多少也会对有效容量产生影响。批量样本数量过多或过少都可能降低模型的有效容量。

(4) 丢弃概率。丢弃法(Dropout)是一种在深度学习中常用的正则化技术。在训练神经网络时，根据设置的丢弃概率值，会随机地丢弃(即暂时移除)网络中的一部分神经元(以及它们的连接)，从而防止网络对训练数据的过拟合。

(5) 权重衰减系数。权重衰减(Weight Decay)可以限制参数变化的幅度，起到一定的正则化作用，有助于控制模型的容量。

(6) 动量超参数。动量超参数通常表示为一个介于 0 和 1 之间的值(记为γ)，用于控制之前梯度的影响程度，有助于加快学习速度，一定程度上避免陷入局部最优解。

(7) 模型深度。在相同的条件下，增加模型的深度意味着增加了模型的参数量和拟合能力，从而提高了模型的容量。

(8) 卷积核尺寸。增加卷积核的尺寸会增加模型的参数量。在相同的条件下，增加卷积核的尺寸也会相应增加模型的容量。

综上所述，这些超参数都能对模型的容量和有效容量产生影响。在深度学习中，我们需要根据具体任务和数据集的特点，合理选择这些超参数的取值，以达到最佳的模型性能和泛化能力。

2.11.3　超参数调优的作用

本质上，模型优化的目的是寻找最优解和正则项之间的平衡关系。网络模型优化的目标是寻找全局最优解，而正则项的目标是使模型尽量拟合到最优。尽管两者在某种程度上存在对立，但它们的目标是一致的，即最小化期望风险。模型优化致力于最小化经验风险，但容易陷入过拟合，而正则项则用于限制模型复杂度。因此，超参数调整的优化目标正是平衡这两者之间的关系，以获得最优或较优的解。

接下来以学习率为例，介绍超参数调优的作用。

深度学习模型在反向传播优化中，实际上是通过不断寻找全局最优点来提升模型性能的。这个过程受到许多因素的影响，其中学习率是较为重要的超参数之一。通常情况下，选择一个合适的学习率可以加快模型训练速度，并获得较好甚至最优的精度。然而，学习率过大或过小都会直接影响模型的收敛性和有效容量。

当模型训练到一定程度时，损失将不再减少，此时模型的梯度接近零，对应的Hessian矩阵通常有两种情况。第一种情况是正定，即所有特征值都为正数，通常意味着模型可能已经达到局部极小值。如果这个局部极小值接近全局最小值，则模型已经达到不错的性能。但如果差距很大，则模型性能仍有提升的空间，通常在训练初期这种情况更常见。第二种情况是特征值既有正数又有负数，这时模型很可能陷入鞍点，导致性能较差。

在训练的初期和中期，如果仍然使用固定的学习率，模型可能会陷入左右振荡或鞍点，无法继续优化。衰减或增大学习率可以有效减少振荡或逃离鞍点，从而使模型达到全局最优点。

2.11.4　如何寻找超参数的最优值

在使用机器学习算法时，总有一些难调的超参数，例如权重衰减大小、高斯核宽度等等。这些参数需要人为设置，而且设置的值会对结果产生较大影响。常见的设置超参数的

方法如下：

(1) 猜测和检查：根据经验或直觉选择参数，一直迭代，不断地进行尝试。

(2) 随机搜索：让计算机随机挑选一组值。

(3) 贝叶斯优化：使用贝叶斯优化算法优化超参数，会遇到贝叶斯优化算法本身就需要很多参数的困难。

(4) 遗传算法：一种基于生物进化理论的优化算法，常用于解决搜索和优化问题。它通过模拟自然选择、遗传和突变的过程，以一种类似生物进化的方式搜索问题的解空间。

遗传算法的基本思想是通过对候选解进行编码，形成一个种群，并通过模拟遗传操作(选择、交叉和变异)来产生新的解。然后，根据适应度函数对新生成的解进行评估，并选择适应度较高的解作为下一代的父代。重复这个过程直到满足停止条件或达到最大迭代次数。

遗传算法的关键操作包括：

① 选择(Selection)：根据适应度函数选择适应度较高的个体作为父代，使其具有更高的概率参与繁殖。

② 交叉(Crossover)：从父代中选择两个个体，通过交换部分基因片段来产生新的个体，以增加种群的多样性。

③ 变异(Mutation)：对新生成的个体进行基因突变操作，引入随机性，以便于探索更广泛的解空间。

通过不断迭代上述步骤，遗传算法能够逐渐优化搜索空间，并找到问题的较优解。遗传算法的优点包括能够处理复杂的搜索空间，不容易陷入局部最优解，适用于多模态问题，并且可以并行化处理。然而，遗传算法的缺点是在处理大规模问题时计算量较大，并且需要合适的参数设置和编码设计。

遗传算法在许多领域得到了广泛应用，包括优化问题、机器学习、人工智能、调度问题等。它是一种强大的搜索和优化工具，能够在复杂的问题中找到较好的解决方案。

2.12 归一化

2.12.1 归一化的概念

归一化就是把需要处理的数据经过处理后(通过某种算法)限制在一定范围内。归一化首先是为了方便后面的数据处理，其次是保证程序运行时收敛加快。归一化的具体作用是归纳统一样本的统计分布性。归一化在 0～1 之间是统计的概率分布，归一化在某个区间上是统计的坐标分布。

2.12.2　归一化的目的

归一化的目的如下：

(1) 更好的尺度不变性。

在使用随机梯度下降法来训练网络的过程中，每次更新都会导致该神经层的输入分布发生改变，越高的层，其输入分布的改变越明显。从机器学习的角度看，如果一个神经层的输入分布发生了改变，那么其参数需要重新学习。所以需要将每层的输入分布归一化为标准正态分布，让每个神经层对其输入具有更好的尺度不变性。

(2) 更平滑的优化地形。

① 使得大部分神经层的输入处于不饱和区域，从而使梯度变大，避免梯度消失问题。

② 使得神经网络的优化地形更加平滑，以及使梯度变得更加稳定，从而允许我们使用更大的学习率，提高收敛速度。

2.12.3　常用的归一化方法

常用的归一化方法如下：

(1) 线性归一化：比较适用于数值比较集中的情况，但是如果 max 和 min 不稳定，很容易使得归一化结果不稳定，使得后续使用效果也不稳定。具体公式如下：

$$x' = \frac{x - \min(x)}{\max(x) - \min(x)} \tag{2-59}$$

式中，$\min(x)$表示数据中的最小值，$\max(x)$表示数据中的最大值。

(2) 标准差归一化：经过处理的数据符合标准正态分布，即标准差为 1。具体公式如下：

$$x' = \frac{x - \mu}{\sigma} \tag{2-60}$$

其中，μ 为所有样本数据的均值，σ 为所有样本数据的标准差。

(3) 非线性归一化：经常用在数据分化比较大的场景，比如有些数值很大，而有些很小时，就可以通过一些数学函数(包括 log 指数、正切等)，将原始值进行映射。

2.13 模型参数初始化

2.13.1 参数初始化

神经网络模型的参数学习是一个非凸优化问题，其中参数初始化对于网络的优化效率和最终的泛化能力有着重要的影响。参数初始化，又称为权重初始化，是深度学习中的关键步骤之一。

在进行参数初始化时，我们需要为每个参数赋予一个适当的初始值。这是因为在模型的开始阶段，参数是无法通过梯度下降算法进行更新的，所以需要给它们一个起始值。合理的参数初始化可以帮助网络更好地学习数据的特征，并且在训练过程中更快地收敛到最优解。

一个好的参数初始化方法应该考虑以下几个因素：

(1) 对称性破坏。应避免所有参数初始化为相同的值，以防止对称性问题。如果所有参数相同，每个神经元将学习相同的特征，从而无法提取多样化的信息。常用的方法是从一个分布中随机采样来初始化参数，例如高斯分布或均匀分布。

(2) 方差控制。合理的方差设置有助于激活函数的有效传播。过小的方差会导致信息在网络中传递过慢，而过大的方差可能会导致信息在网络中失去控制。一种常用的做法是根据网络的输入和输出维度来自适应地调整方差，例如使用 Xavier 或 He 初始化方法。

(3) 梯度消失和梯度爆炸问题。在深层网络中，梯度消失和梯度爆炸是常见的问题。梯度消失指的是梯度逐渐减小至接近零，导致网络无法有效更新参数；梯度爆炸则是指梯度变得非常大，导致参数更新过于剧烈而难以收敛。合理的参数初始化可以缓解这些问题，例如使用适当的缩放因子或剪裁梯度等方法。

(4) 特定激活函数的考虑。不同的激活函数对参数初始化有不同的要求。例如，对于 Sigmoid 和 tanh 等饱和型激活函数，推荐使用具有较小方差的初始化方法，以避免激活值过于饱和；而对于 ReLU 及其变种等非饱和型激活函数，可以使用具有较大方差的初始化方法，以便激活值保持在较大的范围内。

综上所述，参数初始化在神经网络的训练中起着重要的作用。通过合理选择初始化方法和适当的参数设置，可以提高网络的训练效率和泛化能力，加速收敛并获得更好的性能。不同的初始化方法适用于不同的网络架构和激活函数，需要根据具体情况进行选择和调整。

接下来会介绍几种比较常见的参数初始化方法。

2.13.2 全零初始化

在神经网络中，全零初始化是不可行的，因为它会导致神经网络无法进行有效的训练。当我们将所有参数初始化为零时，网络的每个隐藏层的激活值都将相同，从而在反向传播过程中产生相同的梯度值。这意味着参数的更新也将是相同的，最终导致输出层的权重相同，隐藏层的神经元权重也相同。结果就是隐藏层的神经元失去了区分不同特征的能力，使得神经网络无法进行有效的特征学习。

可以用一个生动的比喻来说明这个问题。假设你在一个直线形的山谷中爬山，而山谷两边有对称的山峰。当你所处的初始位置为山谷的中心点时，梯度只能指向山谷的方向，无法指向山峰。即使你迈出一步，情况仍然没有改变。结果是你只能收敛到山谷中的一个极大值，而无法到达山峰的顶点。这种对称性限制了你的进一步探索和学习能力。

全零初始化导致的问题正是这个对称性问题。由于所有的参数都相同，网络无法区分不同的特征，从而失去了特征学习的能力。为了解决这个问题，我们需要采用一些合适的初始化方法，例如使用高斯分布或均匀分布来初始化参数，并且要避免参数初始值相同的情况。这样可以打破对称性，使得网络能够学习到不同的特征，并且能够更好地进行梯度下降优化。

因此，在神经网络中，全零初始化是不可行的，我们需要采用合适的初始化方法来确保网络的有效训练和特征学习能力。这是神经网络训练中不可忽视的重要问题之一，研究人员会继续探索更加有效的初始化方法，以提高神经网络的性能和泛化能力。

2.13.3 随机初始化

在神经网络参数初始化的过程中，随机初始化是一种常用的方法，其中包括高斯分布初始化和均匀分布初始化。这些方法都是基于固定方差的参数初始化策略。

在基于固定方差的随机初始化中，我们需要关注的是如何设置合适的方差。一种常见的做法是将权重初始化为较小的值，例如从均值为 0、方差为 0.02 的高斯分布中采样。这样做的目的是避免在网络的后几层中出现梯度消失的问题。当网络层数增加时，输出值会迅速趋近于 0，导致梯度变得非常小。这种情况在深层网络中尤为明显。

如果将权重初始化为较大的值，比如从均值为 0、方差为 1 的高斯分布中采样，会导致大部分权重值集中在 −1 和 1 附近，从而导致神经元的输出要么被抑制，要么被饱和。特别是当使用具有饱和区域的激活函数(如 tanh)时，深度神经网络的输出值几乎都接近于 0，

从而导致梯度接近于 0。这就是梯度消失的问题。

为了解决这些问题，研究人员提出了一些改进的初始化方法，如 Xavier 初始化和 He 初始化。这些方法根据不同的激活函数选择合适的方差来初始化权重，从而更好地适应网络的深度和激活函数的特性。这些方法可以有效地缓解梯度消失和梯度爆炸问题，提高神经网络的训练效果。

总之，随机初始化是神经网络参数初始化过程中不可或缺的一部分。通过合理设置初始权重的方差，我们可以避免梯度消失和梯度爆炸问题，为神经网络的训练提供良好的起点。随着深度学习领域的不断发展，研究人员将继续探索更加高效和有效的初始化方法，以提高神经网络的性能和泛化能力。

2.13.4 Xavier 初始化

Xavier 初始化，又被称为 Glorot 初始化，是一种由 Glorot 等人提出的权重初始化方法。它的目标是解决随机初始化权重时遇到的一些问题，并提供更好的模型性能。

在神经网络中，权重的初始化对于模型的性能和训练效果至关重要。传统的随机初始化方法(如从均匀或高斯分布中随机采样)往往无法有效地满足输入和输出之间的分布匹配，从而导致训练过程中出现梯度消失或爆炸问题。

Xavier 初始化的思想是尽可能地使输入和输出的方差保持一致，以确保信号在前向和反向传播过程中能够得到有效传递。具体而言，Xavier 初始化根据输入和输出的维度来计算权重的标准差，然后从一个均值为 0、标准差为这个计算出的值的分布中随机采样权重。这样做的好处是能够尽量避免激活函数输出值趋近于 0 或过大，从而增强了梯度的传播和网络的稳定性。

在使用 Sigmoid 和 tanh 等 S 形激活函数时，Xavier 初始化表现出良好的性能，可以有效缓解梯度消失的问题，使得网络能够更好地收敛。这是因为 S 形激活函数的输出范围在 0 到 1 之间或 -1 到 1 之间，与 Xavier 初始化的权重分布相匹配。

然而，在使用 ReLU 激活函数时，Xavier 初始化的表现较差。这是因为 ReLU 函数在负半区域的导数为 0，导致部分神经元在训练过程中可能会处于非激活状态，从而减少了模型的表示能力。为了解决这个问题，后续提出了一种改进的初始化方法，称为“He 正态分布初始化”(He 初始化)，它在 ReLU 激活函数下表现良好。

总之，Xavier 初始化是一种有效的权重初始化方法，特别适用于使用 S 形激活函数的神经网络。但在使用 ReLU 激活函数时，应考虑使用 He 初始化或其他适合的初始化方法，以确保网络的性能和收敛速度。权重的合理初始化对于神经网络的训练和表现起着重要的作用，因此选择适当的初始化方法是构建高效模型的关键一步。

2.14　模型评估

在训练完成后，为了评估深度学习模型的性能和效果，需要进行模型评估和指标计算，这一步骤能够量化模型的准确性、泛化能力以及对任务的适应能力。评估指标可以帮助我们深入了解模型在不同方面的表现，并为进一步改进和优化提供指导。

常用的评估指标包括准确率、召回率、F1 分数等。除了这些指标，还可以考虑其他评估指标，例如精确率、特定类别的评估指标等。特定类别的评估指标可以针对多类别分类问题，对每个类别计算准确率、召回率和 F1 分数，以获得更详细的性能信息。以下是这些指标的详细介绍。

(1) 准确率(Accuracy)。准确率是评估分类模型性能的常见指标，它表示模型正确分类的样本数与总样本数之间的比例。准确率可以表示为：准确率 = (真阳性 + 真阴性) / (真阳性 + 假阳性 + 真阴性 + 假阴性)。

(2) 召回率(Recall)。召回率又称为灵敏度或真阳性率，用于衡量模型对正例样本的识别能力。召回率表示正确识别为正例的样本数与实际正例样本数之间的比例。召回率可以表示为：召回率 = 真阳性 / (真阳性 + 假阴性)。

(3) 精确率(Precision)。精确率用于衡量模型在预测为正例的样本中的准确性。精确率表示真正例样本数与模型预测为正例的样本数之间的比例。精确率可以表示为：精确率 = 真阳性 / (真阳性 + 假阳性)。

(4) F1 分数(F1 Score)。F1 分数是综合考虑精确率和召回率的指标，它是精确率和召回率的调和平均值。F1 分数可以表示为：F1 分数 = 2 × (精确率 × 召回率) / (精确率 + 召回率)。

此外，还可以使用混淆矩阵、ROC 曲线等可视化工具来更加直观地评估模型的性能。混淆矩阵可以展示模型在各个类别上的分类情况，ROC 曲线则能够描述模型的分类能力和阈值选择之间的关系。

评估深度学习模型的性能和效果是一个关键的步骤，能够提供对模型在任务中的客观度量。通过计算各种评估指标和利用可视化工具，我们能够深入了解模型的分类能力和表现，并为进一步改进和优化提供指导。

第 3 章

卷积神经网络

神经网络的灵感源自人类大脑的复杂网络结构，已经成为现代人工智能领域的核心。从最初的理论构想到如今的实际应用，神经网络经历了一段漫长而充满挑战的发展过程。在这个过程中，科学家们不断地从生物神经系统中寻找灵感，试图在机器中复制人脑处理信息的高效方式。

在计算机科学的背景下，神经网络是一种算法，其设计目的是识别数据中的模式和关系，类似于人类学习和决策的方式。通过训练和调整网络中的连接权重，神经网络能够从输入数据中学习并进行预测或分类。这种学习能力使得神经网络在图像和语音识别、自然语言处理、医学诊断等领域成为一个强大的工具。

随着深度学习的兴起，深度神经网络(DNN)，特别是卷积神经网络(CNN)和循环神经网络(RNN)，已经在处理高维度数据(如图像和视频)和序列数据(如文本和语音)方面显示出巨大潜力。这些网络通过增加层数和复杂性，能够捕捉到更深层次的抽象特征。

本章为读者提供了一个关于卷积神经网络的概览，包括基本结构、卷积的变种、卷积核相关内容和卷积神经网络特性。随着我们的探索，将逐步揭开卷积神经网络这一人工智能领域奇迹背后的神秘面纱。

3.1 卷积神经网络概述

3.1.1 深度学习中的卷积神经网络

卷积神经网络是一类包含卷积计算且具有深度结构的前馈神经网络(Feedforward

Neural Network)，是深度学习的代表算法之一，该算法是受生物学上感受野(Receptive Field)机制启发提出的。卷积神经网络具有表征学习(Representation Learning)能力，能够按其阶层结构对输入信息进行平移不变分类(Shift Invariant Ilassication)，因此又被称为“平移不变人工神经网络(Shift-Invariant Artificial Neural Network，SIANN)”。

感受野机制主要是指听觉、视觉等神经系统中一些神经元的特性，即神经元只接收其所支配的刺激区域内的信号。在视觉神经系统中，视觉皮层中的神经细胞的输出依赖于视网膜上的光感受器。视网膜上的光感受器受刺激兴奋时，将神经冲动信号传到视觉皮层，但不是所有视觉皮层中的神经元都会接收这些信号。一个神经元的感受野是指视网膜上的特定区域，只有这个区域内的刺激才能够激活该神经元。

卷积神经网络是深度学习领域中的一种重要模型。深度学习是一种机器学习方法，旨在通过模拟人脑神经元之间的连接方式，自动从数据中学习并提取特征表示。而卷积神经网络作为深度学习的一种具体实现，专门处理具有网格结构数据(如图像、音频)的任务。

深度学习的关键思想是通过堆叠多层神经网络，使用非线性激活函数和大量参数来实现复杂的特征提取和模式识别。而卷积神经网络作为深度学习的一种具体架构，通过卷积、池化和非线性激活函数等操作，以更好地处理图像、语音等网格结构的数据。卷积操作充分利用了图像的局部相关性，可以有效地提取空间特征。此外，卷积神经网络还使用池化层进行降采样，减少参数量和计算量，同时保留关键特征。

因此，卷积神经网络是深度学习的一种重要工具和技术，它在计算机视觉、自然语言处理等领域取得了显著的成果。通过深度学习的训练和优化，卷积神经网络能够自动地从原始数据中学习到高层次的抽象特征表示，从而实现各种复杂的任务，如图像分类、目标检测、语音识别等。

3.1.2　基于卷积神经网络的图像处理

在卷积神经网络诞生之前，图像处理方法的研究重点都集中在特征提取和特征分类上，由此研究人员提出了多种形式的特征分类器。代表性的特征提取技术有尺度不变特征转换(Scale Invariant Feature Transform，SIFT)、Haar、方向梯度直方图(Histogram of Oriented Gradient，HOG)；代表性的分类器有 AdaBoost、支持向量机(Support Vector Machine，SVM)、可变形部件模型(Deformable Parts Model，DPM)、随机森林(Random Forest，RF)等。

由于传统方法使用手动设计的特征，即使采用最好的非线性分类器进行特征分类，准确度也达不到实际需求。手动设计的特征存在如下三个缺点：

(1) 设计的特征为低层特征，对目标的表达能力不足。

(2) 设计的特征可分性较差，导致分类的错误率较高。

(3) 设计的特征具有针对性，很难选择单一特征应用于其他场景。

为了更好地提取特征，Hinton 在 2006 年提出了深度学习的方法，即利用深度神经网络从大量的数据中自动地学习高层特征。相比于设计的特征，学习的特征更加丰富、表达能力更强。随着深度学习的不断发展，研究者发现利用卷积神经网络进行图像处理，准确度可以获得较大的提升。这是因为卷积神经网络不仅提取了高层特征，提高了特征的表达能力，而且还将特征提取、特征选择和特征分类融合在同一模型中，通过端到端的训练，从整体上进行功能优化，增强了特征的可分性。因此，基于卷积神经网络的图像处理得到了广泛的关注，成为当前计算机视觉领域的研究热点之一。

3.2　卷积神经网络的基本结构

卷积神经网络是一个层次化模型，主要包括输入层、卷积层、池化层、全连接层以及输出层(见图 3-1)。卷积神经网络专门针对图像而设计，其主要特点在于卷积层的特征是通过共享权重从前一层的局部特征中得到的。在卷积神经网络中，输入图像通过多个卷积层和池化层进行特征提取，并逐步由低层特征变为高层特征。高层特征再经过全连接层和输出层进行特征分类，产生一维向量，表示当前输入图像的类别。因此，根据每层的功能，卷积神经网络可以划分为两个部分：特征提取器和分类器。

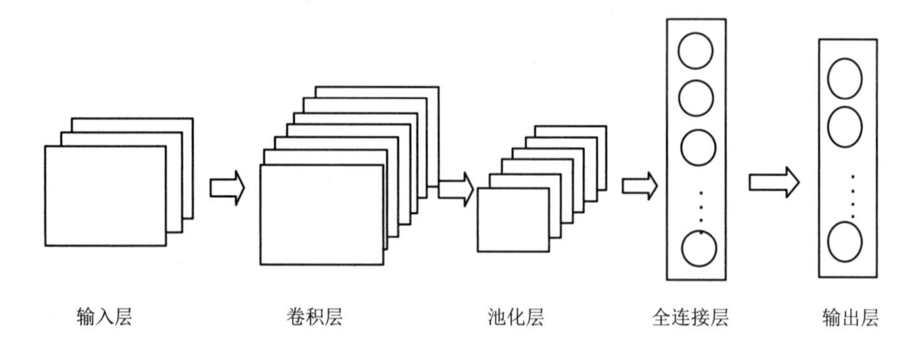

图 3-1　卷积神经网络整体架构

特征提取器部分由输入层、卷积层、激活函数和池化层构成。输入层接收原始图像数据，并将其传递给卷积层。卷积层通过卷积运算对输入图像进行特征提取，每个卷积核负责检测图像中的不同特征。激活函数引入非线性变换，使网络能够学习更复杂的特征表示。

池化层对卷积层输出的特征图进行下采样，减少数据维度，同时保留关键特征。

分类器部分由全连接层和输出层构成。全连接层将池化层输出的特征图转换为一维向量，并通过权重连接到输出层。全连接层在网络中起到整合和学习特征之间关系的作用。输出层是网络的最后一层，根据问题的具体需求确定输出节点的数量，输出层常采用 Softmax 激活函数进行多分类。

卷积神经网络通过多个卷积层和池化层的组合，能够从原始图像中提取出丰富的特征，并通过全连接层和输出层进行分类。这种层次化的结构使得卷积神经网络在图像识别、目标检测和图像生成等任务中取得了很好的效果。

3.2.1　输入层

输入层(Input Layer)通常输入卷积神经网络的原始数据或经过预处理的数据，这些数据可以是图像识别领域中的原始三维多彩图像，也可以是音频识别领域中经过傅里叶变换的二维波形数据，甚至是自然语言处理中一维表示的句子向量。以图像分类任务为例，输入层输入的图像一般包含 RGB 三个通道，是一个长和宽分别为 H 和 W 的三维像素值矩阵($H \times W \times 3$)，卷积神经网络会将输入层的数据传递到一系列卷积层、池化层等进行特征提取和转化操作，最终由全连接层和输出层对特征进行汇总和结果输出。根据计算能力、存储大小和模型结构的不同，卷积神经网络每次可以批量处理的图像个数不尽相同，若指定输入层接收到的图像个数为 N，则输入层的输出数据为 $N \times H \times W \times 3$。

3.2.2　卷积层

卷积层(Convolution Layer)通常用于对输入层的输出数据进行局部区域的特征提取，不同的卷积核代表不同的特征提取器，卷积层越多，特征的表达能力越强。卷积操作的原理是对两个像素矩阵进行点乘求和的数学操作，其中一个矩阵为输入的数据矩阵，另一个矩阵则为卷积核(滤波器或特征矩阵)，求得的结果表示为原始图像中提取的特定局部特征。

卷积一般分为 same 卷积和 valid 卷积。valid 卷积与 same 卷积最大的不同是输出矩阵的大小和输入矩阵的大小不同。例如，对于 valid 卷积来说，假如输入是 64×64，卷积核是 3×3，卷积步长是 1，对应的输出是 62×62，而对于 same 卷积来说输出是 64×64。

下面讲解 same 卷积和 valid 卷积操作的一般过程。

卷积本质上相当于用一个滑动窗口也就是卷积核，从左到右、从上到下地滑动(本节仅讨论二维的卷积操作)。假设输入图像(输入数据)为如图 3-2 所示的左侧的 5×5 矩阵，其对应的卷积核(Convolution Kernel)为一个 3×3 的矩阵。同时，假定卷积操作时每做一次卷积，卷积核移动一个像素位置，即卷积步长(Stride)为 1。

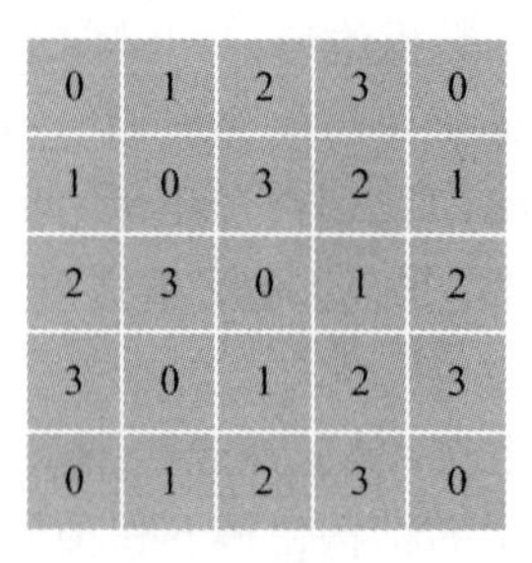

(a) 输入数据

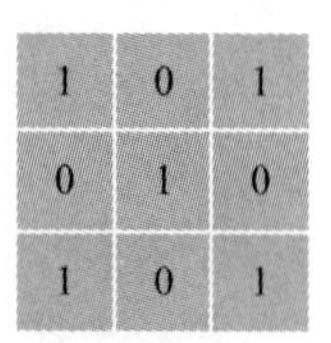

(b) 卷积核

图 3-2　二维场景下的输入数据与卷积核

第 1 次卷积操作从图像(0，0)像素开始，由卷积核参数与对应位置图像像素逐位相乘后累加作为一次卷积操作的结果，即 $0 \times 1 + 1 \times 0 + 2 \times 1 + 1 \times 0 + 0 \times 1 + 3 \times 0 + 2 \times 1 + 3 \times 0 + 0 \times 1 = 4$，如图 3-3(a)所示。类似地，在步长为 1 时，如图 3-3(b)～图 3-3(d)所示，卷积核按照步长大小在输入图像上从左至右、自上而下依次将卷积操作进行下去，最终输出 3×3 大小的卷积特征，同时该结果将作为下一层操作的输入。

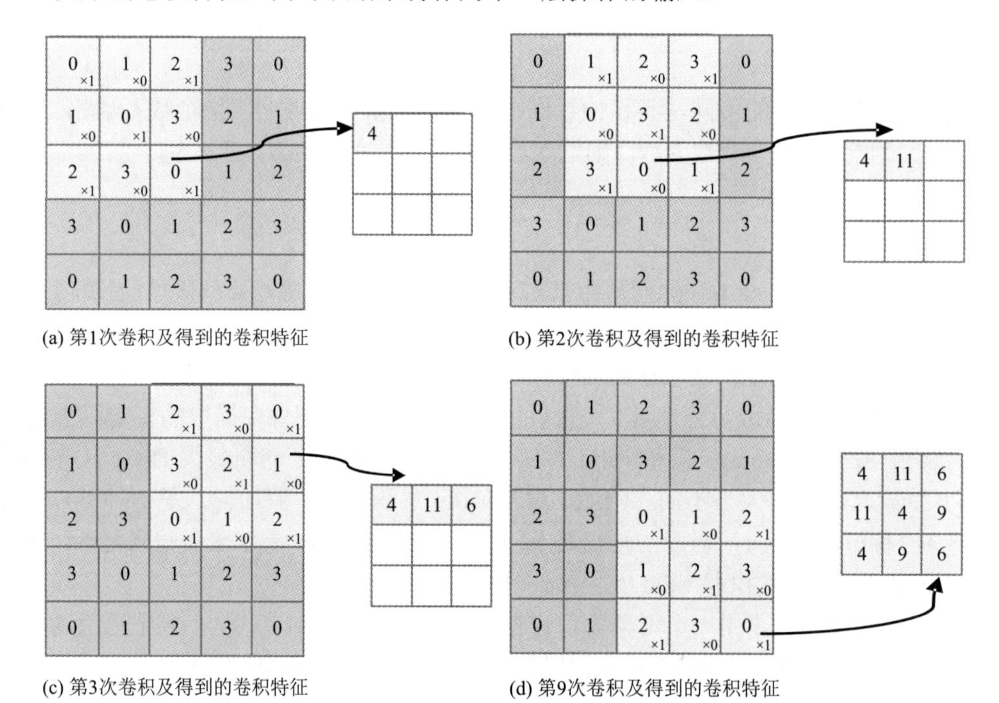

图 3-3　卷积操作示例

可以看到卷积核对输入矩阵重复计算卷积，遍历了整个矩阵，其每一个输出，都对应输入矩阵的一小块局部特征。卷积操作的另一个优点在于，输出的 3 × 3 矩阵共享同一个核矩阵参数，即参数共享(Parameter Sharing)。参数共享在很大程度上减少了参数量，也降低了过拟合的出现，且图 3-3 中的每个卷积操作都是独立的。也就是说，并不是一定要按照从左至右、自上而下的顺序来计算卷积的，也可以利用并行计算，同时计算所有方块的卷积值，达到高效的目的。

如果想要调整输出矩阵的大小，那么就要用到两个重要的参数，即步长(Stride)和填补参数(Padding)了。

步长的影响如图 3-4 所示，横向步长不再是 1，而是设为 2，这样就跳过了中间的 3 × 3 方块，而纵向的步长仍为 1。通过设定大于 1 的步长，可以减小输出矩阵的大小。

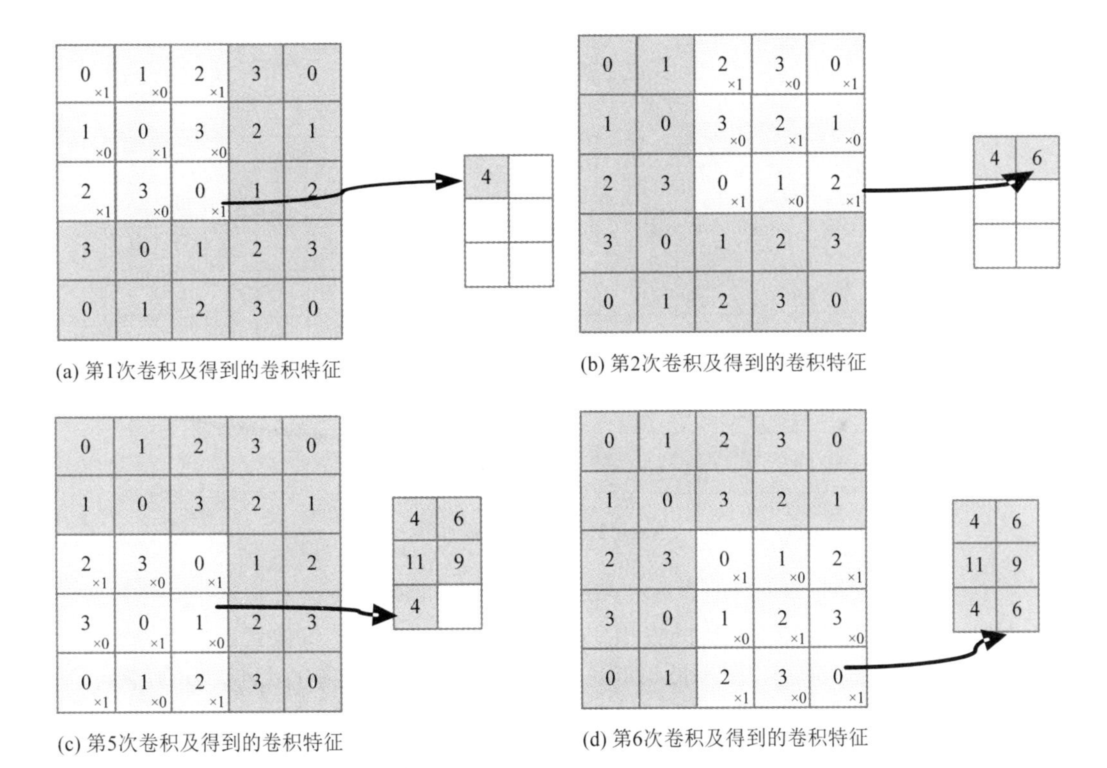

图 3-4　步长为 2 时的卷积操作示例

在原矩阵的四周各填补一栏全为 0 的数值(假像素)，可让该矩阵的计算拓展到边缘之外的区域，如图 3-5 所示。

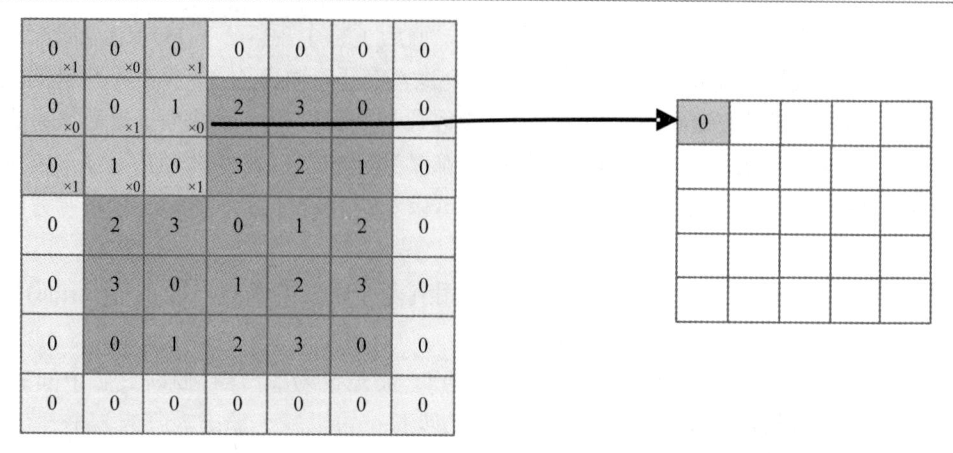

(a) 第1次卷积及得到的卷积特征

0	0	0	0	0	0	0
0	0	1	2	3	0	0
0	1	0	3	2	1	0
0	2	3	0	1	2	0
0	3	0	1	2 ×1	3 ×0	0 ×1
0	0	1	2	3 ×0	0 ×1	0 ×0
0	0	0	0	0 ×1	0 ×0	0 ×1

0	5	4	7	2
5	4	11	6	5
2	11	4	9	6
7	4	9	6	7
0	5	4	7	2

(a) 第25次卷积及得到的卷积特征

图 3-5 填补后的卷积操作示例

填补一方面增加了输出矩阵的大小，另一方面可以进行以边缘像素为中心的卷积计算。在卷积计算中，可以通过改变步长和填补操作，来控制输出矩阵的大小，例如得到与原矩阵大小相等或者长、宽各自减半的特征图。

假设图像的尺寸是 input × input，卷积核的大小是 kernel，填充值为 padding，步长为 stride，卷积后输出的尺寸为 output × output，则卷积后尺寸的计算公式为

$$\text{output} = \frac{\text{input} - \text{kernel} + 2 \times \text{padding}}{\text{stride}} + 1 \tag{3-1}$$

图 3-3 到图 3-5 只展示了图像的其中一个通道的卷积计算方法，即一维卷积，而在实

际应用中，需要处理的是具有多个通道的图像，典型的例子是 RGB 图像。RGB 图像是一种三通道图像，通常用于表示彩色图，它由相同行数、列数的红(R)、绿(G)、蓝(B)这三个通道的数据组成。RGB 图像在参与卷积时，其 R、G、B 三个通道分别与对应的卷积核进行二维卷积，然后将得到的卷积结果进行累加，得到最终的 RGB 图像卷积结果，具体过程如图 3-6 所示。

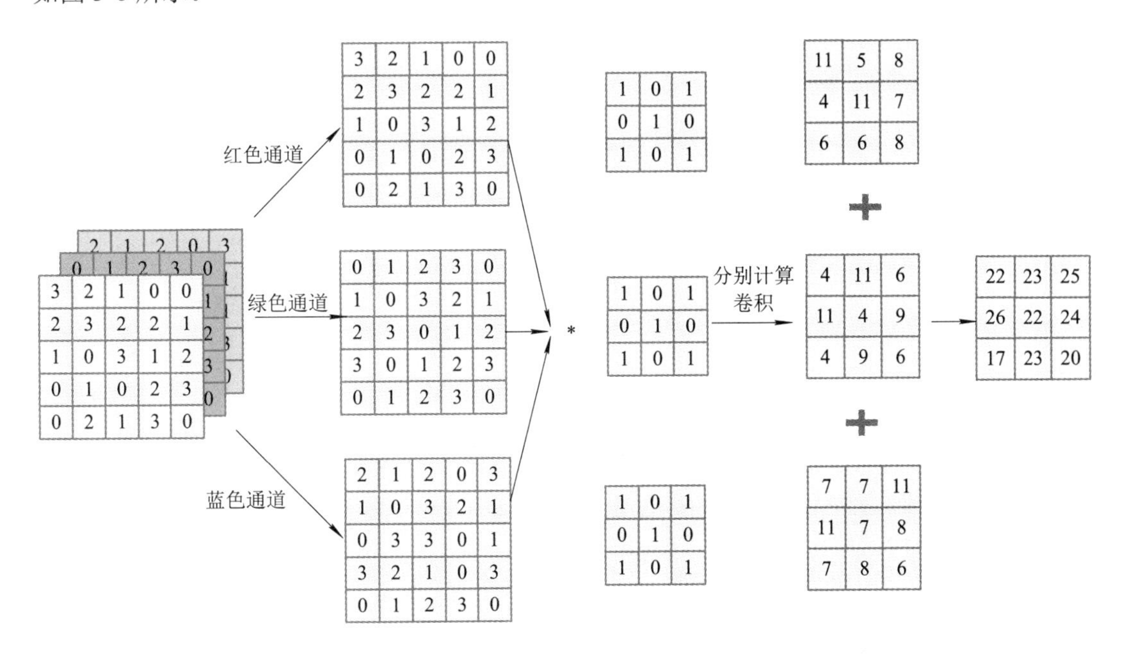

图 3-6　RGB 图像卷积过程

3.2.3　池化层

池化操作一般放在卷积操作之后，池化(Pooling)的本质就是下采样。对于输入的特征图，池化操作以某种方式对其进行降维压缩和特征选择，从而可以降低参数的数量，避免过拟合，同时提高模型的容错性。

池化操作和卷积操作类似，池化层也是每次对输入数据的一个固定形状窗口(又称池化窗口)中的元素计算输出。不同于卷积操作计算的是输入数据和卷积核的加权和，池化操作直接计算池化窗口内元素的最大值或者平均值。在二维池化中，池化窗口从输入数组的最左上方开始，按从左往右、从上往下的顺序，依次在输入矩阵上滑过。当池化窗口滑动到某一位置时，窗口的最大值或者平均值为该窗口的中心位置的值。

比如以(2，2)为一个池化单位，其含义就是每次将 2 × 2 个特征值根据池化算法合并成一个特征值，池化一般包括以下几种：

(1) 平均值池化：取 4 个特征值的平均值作为新的特征值。

(2) 最大值池化：取 4 个特征值中的最大值作为新的特征值。

1. 平均值池化

输入数据如图 3-7 所示。

0	1	2	3	0
1	0	3	2	1
2	3	0	1	2
3	0	1	2	3
0	1	2	3	0

图 3-7 输入数据

其实池化和卷积很相似，可以想象成池化也有一个卷积核，只是这个核没有了需要变化的数字，而只剩一个框，即图 3-8(a)的左上角 3 × 3 的矩阵，而要得到池化后的输出数据，则需对框中的输入数据做平均值，即(0 + 1 + 2 + 1 + 0 + 3 + 2 + 3 + 0)/9 = 4/3，其后 3 × 3 矩阵的平移方式与卷积类似，平均值池化结果如图 3-8(b)所示。

0	1	2	3	0
1	0	3	2	1
2	3	0	1	2
3	0	1	2	3
0	1	2	3	0

(a) 原图

4/3	5/3	14/9
13/9	4/3	5/3
4/3	13/9	14/9

(b) 平均值池化结果图

图 3-8 平均值池化操作

2. 最大值池化

所谓最大值池化，就是池化后的输出数据应为 3 × 3 矩阵中的最大值，即数据 max(0, 1,

2, 4, 0, 5, 2, 6, 0) = 6，最大值池化结果如图 3-9(b)所示。

0	1	2	8	0
4	0	5	2	1
2	6	0	1	9
5	0	8	2	3
0	1	2	8	0

(a) 原图

6	8	9
8	8	9
8	8	9

(b) 最大值池化结果图

图 3-9　最大值池化操作

3.2.4　全连接层

全连接层(Fully Connected Layer)位于特征提取之后，将前一层的所有神经元与当前层的每个神经元相连接。全连接层会根据输出层的具体任务，有针对性地对高层特征进行映射，它主要负责对卷积神经网络提取到的特征进行汇总，将多维的特征输入映射为二维的特征输出，高维表示样本批次，低维常常对应任务目标。

3.2.5　输出层

卷积神经网络中输出层的上一层通常是全连接层，输出层的结构和工作原理与传统前馈神经网络中的输出层是相同的。输出层的形式面向具体任务，如在图像分类问题中，输出层使用逻辑函数或归一化指数函数(Softmax 函数)输出分类标签；在物体识别(Object Detection)问题中，输出层可设计为输出物体的中心坐标、锚框大小和具体类别；在图像语义分割中，输出层直接输出每个像素的分类结果。

3.3　卷积的变种

3.3.1　分组卷积

分组卷积是卷积神经网络中的一种操作，其将输入通道和输出通道分成相同数量的组，并使处于相同组号的输入通道和输出通道之间进行连接。这样可以实现每个组内的输入通道只与同组内的输出通道相连，从而降低了卷积操作的参数量和计算复杂度。

具体而言，假设将输入通道和输出通道分成 g 组，则分组卷积可以将卷积操作的参数量和计算量降低为普通卷积的 $1/g$。这是因为每个组内的通道之间相互连接，而不同组之间的通道不进行连接。这样，每个组内的通道只需要学习与同组内的输出通道相关的权重，而不需要考虑其他组的输出通道，从而降低了参数量和计算的复杂度。

分组卷积最初在 AlexNet 网络中被引入，主要是为了解决单个 GPU 无法处理包含大量计算和存储需求的卷积层的问题。当时的硬件设备限制了网络的规模和复杂度，而通过分组卷积可以减少计算资源的消耗，使得网络模型在限制的硬件条件下能够获得较好的性能。

目前，随着硬件设备的不断升级，分组卷积主要应用于移动设备上的小型网络模型。移动设备的计算和存储资源相对有限，分组卷积可以降低模型的参数量和计算复杂度，使得模型能够在移动设备上高效地运行。

综上所述，分组卷积通过将输入通道和输出通道分组连接，降低了卷积操作的参数量和计算复杂度。它在早期主要用于解决硬件资源有限的情况下的卷积层问题，现在多应用于移动设备上的小型网络模型。

3.3.2　转置卷积

转置卷积又被称为反卷积(Deconvolution)，是卷积操作的逆过程。它具有以下两个方面的对称性。

(1) 尺寸变换还原。转置卷积操作可以将卷积中输入到输出的尺寸变换还原。这意味着转置卷积可以将原始矩阵的大小还原回来，但并不能恢复卷积之前矩阵的确切值。它通过填充和改变步长的操作来实现尺寸的还原。

(2) 信息传播对称性。转置卷积的正向传播信息与普通卷积的反向传播误差使用的矩阵是相同的，反之亦然。这意味着在反向传播时，转置卷积的操作可以使用与相应的卷积层相同的权重来传播误差。

卷积和转置卷积所处理的基本任务是不同的。卷积主要用于特征提取、压缩图像尺寸和增大感受野。而转置卷积主要用于特征图的扩张或上采样。以下是一些代表性的应用场景：

(1) 语义分割/实例分割：转置卷积可以将低分辨率的特征图上采样到与输入图像相同的分辨率，用于像素级别的分类和分割任务。

(2) 物体检测、关键点检测：转置卷积可以用于将低分辨率的特征图上采样，以便检测和定位物体或关键点。

(3) 图像的自编码器、变分自编码器、生成对抗网络等：转置卷积可以用于扩张编码后的特征图，从而实现图像的生成和重构。

综上所述，转置卷积是卷积操作的逆过程，具有尺寸变换还原和信息传播对称性。它主要用于特征图的扩张和上采样，在语义分割、物体检测、图像生成等任务中发挥重要作用。

3.3.3　空洞卷积

对于卷积层而言，要想增大输出的感受野，一般可通过以下三种方式来实现：

(1) 增加卷积的层数，比如 3 个 3 × 3 的卷积操作可以近似等同于 1 个 7 × 7 的卷积效果。

(2) 增大卷积核的大小。

(3) 在卷积之前进行池化操作。

前两种方式会增加参数量，而第三种方式会丢失一些信息。

空洞卷积(Atrous Convolution) 是针对图像语义分割问题中下采样会降低图像分辨率、丢失信息而提出的一种卷积思路，空洞卷积不会增加参数量，但是可以增大输出的感受野。利用空洞卷积扩大感受野，让原本 5 × 5 的卷积核在相同参数量和计算量下拥有 9 × 9 或者更大的感受野，从而无须下采样。

空洞卷积又名扩张卷积(Dilated Convolution)，向卷积层引入了一个称为扩张率的新参数，该参数定义了卷积核处理数据时各值的间距。换句话说，相比于原来的标准卷积，扩张卷积多了一个超参数(Hyper-parameter)，这个超参数称为扩张率，指的是卷积核各点之间的间隔数量。当扩张率为 1 的时候，空洞卷积蜕变成普通卷积。

空洞卷积的卷积核的有效大小为 $k' = k + (k - 1) \times (D - 1)$。其中，$k$ 表示原始卷积核的大小，D 为扩张率，k'表示空洞卷积核的大小。

空洞卷积的优缺点如下。

(1) 空洞卷积的优点：在不增加卷积层数、不增大卷积核大小，以及不做池化操作的情况下，加大了感受野，让每个卷积输出都包含较大范围的信息。空洞卷积经常用在实时图像分割中。当网络层需要较大的感受野，但计算资源有限而无法提高卷积核数量或大小时，可以考虑空洞卷积。

(2) 空洞卷积的缺点：空洞卷积的卷积核并不是连续的，也就是说并不是用连续像素进行计算的，计算所用的像素是有间隔的，类似棋盘格的方式，这样将导致输出信息损失连续性，即出现栅格效应，空洞卷积不能覆盖所有的图像特征。

3.4 1 × 1 卷积的作用

1 × 1 卷积是指卷积核大小为 1 的多通道卷积层。虽然 1 × 1 的卷积核非常小，但它在卷积神经网络中有着重要的作用，具体如下。

(1) 1 × 1 卷积可以实现跨通道的交互和信息整合。通过在通道维度上进行卷积操作，可以对不同通道之间的特征进行加权和整合。这种交互能够增强模型在通道维度上的表达能力，使得网络能够学习到更丰富的特征表示。

(2) 1 × 1 卷积可以对卷积通道进行升维和降维，从而减少模型的参数量。通过调整卷积核的通道数，可以改变特征图的通道数，实现维度的变换。这种技巧可以在保持特征图空间维度不变的情况下，降低计算复杂度和模型的存储需求，从而提高模型的效率。

(3) 1 × 1 卷积结合激活函数使用，可以增加网络的深度并提高网络的表达能力。通过在 1 × 1 卷积后应用激活函数，可以引入非线性变换，增加网络的非线性表示能力。这对于解决复杂的特征表示任务非常有帮助，同时也可以提高网络的深度，增强网络对于更抽象和更复杂的特征的学习能力。

综上所述，1 × 1 卷积在卷积神经网络中具有重要的作用。它能够实现跨通道的交互和信息整合，降低模型的参数量，增加网络的深度，并提高网络的表达能力。因此，在设计卷积神经网络时，应合理使用 1 × 1 卷积，以带来更好的性能和效果。

3.5 卷积核是否越大越好

在早期的卷积神经网络(如 LeNet-5 和 AlexNet)中，由于计算能力和模型结构的限制，需要使用较大的卷积核(如 11 × 11 和 7 × 7)。这样做是为了获得更大的感受野，但导致了计算量的增加，不利于训练更深层的模型，并且还降低了计算性能。

后来的卷积神经网络(如 VGG 和 GoogLeNet)中，通过堆叠多个较小的卷积核(如 3 × 3)可以取代较大的卷积核。例如，堆叠 3 个 3 × 3 的卷积核，就可以获得与 1 个 7 × 7 的卷积核相同的感受野，同时参数量更少($3 \times 3 \times 3 + 1 < 7 \times 7 \times 1 + 1$)。这种做法在许多卷积神经网络中被广泛应用。通过堆叠较小的卷积核，可以以较小的计算量获得相同大小的感受野。

然而，并不是说较大的卷积核就没有作用。在某些领域应用卷积神经网络时，仍然可以采用较大的卷积核。例如，在自然语言处理领域，文本内容不像图像数据可以进行深层次的特征抽象，因此只需要浅层的神经网络；再者，文本特征有时需要有较广的感受域，以便模型能够组合更多的特征，如词组和字符。在这种情况下，直接采用较大的卷积核可能是更好的选择。

综上所述，卷积核的大小没有绝对的优劣，需要根据具体的应用场景来确定。极大和极小的卷积核都不是合适的选择。极小的卷积核(如 1×1)无法有效地组合输入的原始特征，而极大的卷积核通常会组合过多的无意义特征，从而浪费了大量的计算资源。因此，在选择卷积核大小时需要权衡计算效率和特征提取能力。

3.6 卷积神经网络的特性

3.6.1 局部连接

感受野(Receptive Field)是指卷积神经网络中每一层输出的特征图上的像素点在输入图像上映射的区域大小。在图像卷积操作中，神经元在空间维度上是局部连接的，但在深度(通道)维度上是全连接的。局部连接的思想受到生物学中视觉系统结构的启发，视觉皮层的神经元只接收局部区域的信息，因此卷积层的节点只与其前一层输入的部分节点相连接。

对于二维图像而言，局部像素之间具有较强的关联性。这种局部连接的设计保证了训练后的滤波器可以对局部特征有较强的响应，使得神经网络能够提取数据的局部特征。

举个例子，对于一个 $1000 \times 1000 \times 3$ (高度为 1000，宽度为 1000，RGB 通道数为 3)的输入图像，如果下一个隐藏层的神经元数量为 1000 个，采用全连接方式，则需要 $1000 \times 1000 \times 3 \times 1000 = 3 \times 10^9$ 个权重参数。随着隐藏层神经元数量的增加，参数量也会成倍增加，这可能导致训练困难和模型过拟合的问题。

如果采用局部连接，隐藏层的每个神经元仅与图像中 $10 \times 10 \times 3$ 的局部图像区域相连接，那么此时的权重参数数量就是 $10 \times 10 \times 3 \times 1000 = 3 \times 10^6$，相比之下减少了 4 个数量级。这种局部连接的方式大大减少了参数量，使得训练更容易进行，也降低了过拟合的风险。

综上所述，局部连接可以减少参数量，提高训练效率，并使神经网络能够更好地提取局部特征。这种设计思想在卷积神经网络中得到了广泛应用，使得网络能够处理高维图像数据并提取有意义的特征。

3.6.2 权重共享

权重共享是指在卷积神经网络中，同一深度的神经元使用相同的卷积核参数进行计算。这种设计思想的意义在于，神经网络可以提取与特征在图像中的位置无关的底层边缘特征。例如，在图像中，无论边缘特征(如水平线、垂直线和斜线等)在图像的哪个位置出现，其特征都是相似的。

然而，在某些场景下，权重共享可能是不合适的。例如，在人脸识别任务中，我们期望在不同位置学习到不同的特征，因为不同位置的面部特征对于人脸识别是具有区分性的。

需要注意的是，权重共享仅针对同一深度切片的神经元，不同深度切片的神经元的权重是不共享的。在卷积层中，通常会使用多组卷积核来提取不同的特征，这对应于不同深度切片的特征，而不同深度切片的神经元具有不同的权重。另外，偏置项在同一深度切片的所有神经元之间是共享的，即它们具有相同的偏置值。

权重共享的好处是极大地降低了网络的训练难度。通过共享权重，可以大大减少需要训练的参数数量。例如，如果隐藏层中的每个神经元连接的是一个 $10 \times 10 \times 3$ 的局部图像，那么就有 $10 \times 10 \times 3$ 个权重参数。将这些参数共享给剩余的神经元，即隐藏层中的其他神经元使用相同的权重参数，这样需要训练的参数数量就只剩下这 $10 \times 10 \times 3$ 个权重参数(即卷积核的大小)。这体现了卷积神经网络的优势，使用少量的参数仍能获得出色的性能。

上述描述仅是提取图像中的一种特征的过程。如果要提取更多的特征，可以增加多个卷积核，每个卷积核能够获取图像不同尺度下的特征，从而生成多个特征图(Feature Map)。

综上所述，权重共享在卷积神经网络中具有重要作用，可以有效地减少参数量，并提取出图像中的特征。这种设计思想在卷积神经网络中得到广泛应用，使得网络具备了处理高维图像数据并提取有意义特征的能力。

第二部分

深度学习在工业缺陷检测中的实践

第4章 图像处理基础

OpenCV(Open Source Computer Vision Library)是一款功能强大的开源图像处理库，它为各种计算机视觉和图像处理任务提供了丰富的功能和工具。OpenCV 不仅可以用于深度学习中的数据预处理，还可以独立用于完成多样的图像处理任务。

本章以 OpenCV 开篇，旨在帮助读者初步了解 OpenCV 的基础知识，以便更好地应用于后续章节的实践中。本章将专注于介绍 OpenCV 在图像处理领域的方法，并结合实例进行实际讲解。通过这种方式，读者可以深入了解 OpenCV 的功能和应用，为后续章节的进阶内容打下坚实的基础。

在正式进入本章内容的学习前，我们需要知道，在工业领域，存在许多缺陷需要被及时发现和解决，然而传统的人工检测方法往往耗费了大量时间和人力资源，其效率却较低。为了提高缺陷检测的效率和准确性，我们可以利用深度学习技术来自动化这一过程，从而节省人力、物力和成本。

图 4-1～图 4-4 展示了一些工业中常见的缺陷。

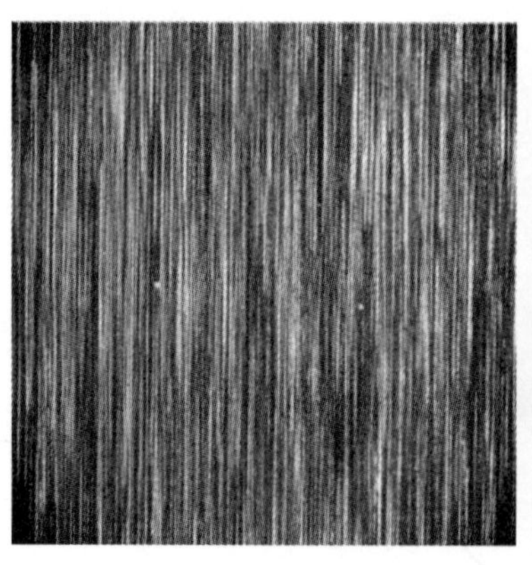

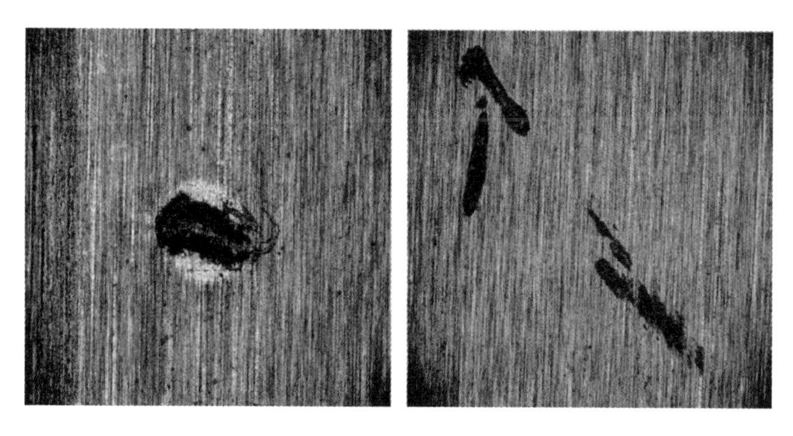

图 4-1　零件表面无缺陷和缺陷图

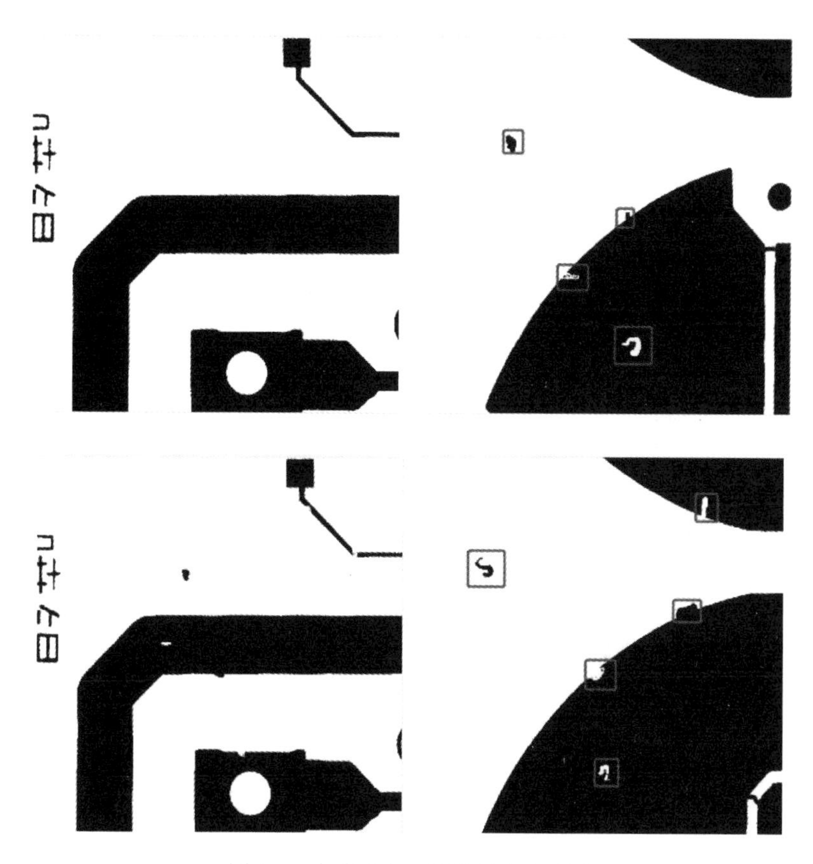

图 4-2　电路板表面无缺陷和缺陷图

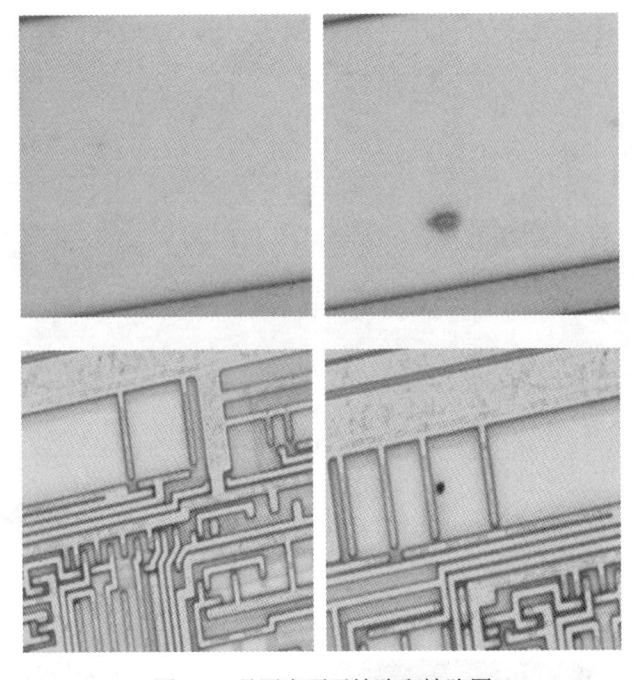

图 4-3 晶圆表面无缺陷和缺陷图

图 4-4 遥感影像原图和洪水灾害图

在这些缺陷图中，我们面临多方面的处理需求。首先，我们需要将图像进行缩放，以便适应模型输入尺寸。其次，对图像数据进行数据增强是必要的，这样可以丰富训练数据，提高模型的泛化能力。数据增强操作包括图像尺寸调整、归一化以及通道调整等。举例来说，如果深度学习网络接受固定尺寸的输入，那么就需要将所有图像调整为相同的大小。此外，对图像进行预处理也很重要，可以确保输入数据在合适的范围内。这可能涉及图像的灰度化、归一化处理等操作。

因此我们需要熟悉 OpenCV 图像处理库，它提供了许多实用的功能和方法，可以帮助我们有效地处理图像数据。通过合理运用这些处理技巧，可以优化数据集，提升模型训练的效果，从而更好地应对这些缺陷图带来的挑战。

4.1　OpenCV 入门

在 Anaconda 环境中安装和使用 OpenCV 非常方便。在已经激活的环境中，可以使用命令“conda install -c conda-forge opencv”安装 OpenCV。

OpenCV 是一个广泛使用的开源计算机视觉库，提供了许多图像处理和计算机视觉算法的实现。虽然 OpenCV 主要用于图像处理，但与卷积神经网络也存在一些联系，具体如下。

(1) OpenCV 提供了大量用于图像数据处理的函数和工具，可以进行图像的加载、预处理、增强、裁剪、调整大小等操作。这些图像处理操作对于卷积神经网络的输入数据准备非常重要，例如对图像进行裁剪和大小调整，使其适应网络的输入尺寸。

(2) 卷积神经网络通过卷积层和池化层来提取图像的特征，OpenCV 也提供了一些常用的图像特征提取方法，例如边缘检测、角点检测、直方图均衡化等。这些特征提取方法可以在卷积神经网络提取图像特征之前使用，用于增强图像特征的表达能力。

(3) 数据增强是卷积神经网络训练中常用的技术，旨在扩充训练数据集的多样性和数量。OpenCV 提供了丰富的函数和工具，可以对图像进行旋转、翻转、平移、缩放、添加噪声等操作，从而生成更多的训练样本。

(4) OpenCV 包含了一些用于目标检测和图像分割的算法或工具，例如 Haar 级联检测器、HOG 特征检测器和 GrabCut 算法等。这些算法可以与卷积神经网络相结合，用于提供初始的目标检测或图像分割结果，然后再通过卷积神经网络进行精细的处理和优化。

(5) OpenCV 提供了用于模型部署和推理的功能和工具，可以将已经训练好的卷积神经网络模型集成到应用程序中进行实时的图像处理和分析。这些功能可以方便地将卷积神经网络应用于实际的图像处理任务中。

(6) 卷积神经网络对输入数据的预处理要求通常包括归一化、标准化、均衡化等操作，可以提高网络的收敛性和性能。OpenCV 提供了各种函数和工具，可以帮助进行这些数据预处理操作，如像素值归一化、颜色通道转换、直方图均衡化等。

(7) OpenCV 还提供了一些特定任务的算法和函数，如人脸识别、物体跟踪、图像分割等。这些算法可以与卷积神经网络结合使用，以实现更复杂的图像处理和分析任务。例如，可以使用 OpenCV 的人脸识别算法来检测和定位人脸，然后将检测到的人脸区域输入卷积神经网络中进行进一步的人脸属性识别。

(8) OpenCV 被广泛应用于实时图像处理和分析场景，可以与卷积神经网络结合使用，以实现实时的图像分类、目标检测、视频处理等。OpenCV 提供了高效的图像处理函数和优化技术，可以满足实时性能要求，并与卷积神经网络算法相结合，以处理视频流或实时图像数据。

(9) OpenCV 提供了各种图像增强和图像恢复算法，如去噪、去模糊、超分辨率重建等。这些算法可以与卷积神经网络相结合，提高图像的质量和强化细节，并在卷积神经网络中进行更准确的分类或检测。

下面我们简单介绍一下 OpenCV 的图像处理方面的具体内容，比如图像加载与保存、图像调整与增强、图像滤波等，这些基础操作与后面章节的内容息息相关。

4.2　图像的输入、显示和保存

4.2.1　图像的输入

函数 cv2.imread()用于从指定文件夹中读取指定图像并返回该图像的矩阵。如果无法读取图像(文件丢失，权限不正确，格式不支持或无效)，该函数会返回一个空矩阵。目前支持的文件格式有：*.bmp，*.dib，*.jpeg，*.jpg，*.jpe，*.jp2，*.png，*.webp，*.pbm，*.pgm，*.ppm，*.pxm，*.pnm，*.tiff，*.tif。

(1) 函数说明：

```
img= cv2.imread(filename,flags)
```

(2) 参数说明：

① filename：要读取的图像的文件路径和文件名。

② flags：读取图像的方式，可选项。

cv2.IMREAD_COLOR(1)：始终将图像转换为 3 通道彩色图像，这是默认方式。

cv2.IMREAD_GRAYSCALE(0)：始终将图像转换为单通道灰度图像。

cv2.IMREAD_UNCHANGED(-1)：按原样返回加载的图像(使用 Alpha 通道)。

cv2.IMREAD_ANYDEPTH(2)：在输入具有相应深度时返回 16 位/32 位图像，否则将其转换为 8 位。

cv2.IMREAD_ANYCOLOR(4)：以任何可能的颜色格式读取图像。

③ img：读取的 OpenCV 图像，本质上是一个 ndarray 类型的多维数组。

实现图像输入的代码具体如下：

```
import cv2
image = cv2.imread('book.jpg', cv2.IMREAD_COLOR)
```

代码解释如下：

(1) 导入 cv2 库。

(2) 使用 cv2.imread()函数加载名为'book.jpg'的图像文件，并将其存储在 image 变量中，使用 cv2.IMREAD_COLOR 参数指定以彩色图像格式加载图像。

4.2.2 图像的显示

函数 cv2.imshow()用于将读取的 OpenCV 图像在指定窗口中显示，窗口会自动调整为图像大小。

(1) 函数说明：

```
imshow(filename, image)
```

(2) 参数说明：

filename：字符串，显示图像的窗口的名称。

image：要显示的 OpenCV 图像，本质上是一个 ndarray 类型的多维数组。

实现图像显示的代码具体如下：

```
import cv2
images = cv2.imread('book.jpg', cv2.IMREAD_COLOR)
cv2.imshow('image.jpg', images)
cv2.waitKey(0)
cv2.destroyAllWindows()
```

代码解释如下：

(1) 导入 cv2 库。

(2) 通过 cv2.imread()函数加载名为 'book.jpg' 的图像文件，并将其存储在 images 变量中，使用 cv2.IMREAD_COLOR 参数指定以彩色图像格式加载图像。

(3) 使用 cv2.imshow()函数显示一个图像窗口 'image.jpg'，结果如图 4-5 所示。

(4) 使用 cv2.waitKey()等待用户按下任意键，然后使用 cv2.destroyAllWindows()关闭所有图像窗口。

图 4-5　图像显示

4.2.3 图像的保存

函数 cv2.imwrite()用于将 OpenCV 图像保存到指定文件中，图像格式是根据文件的扩展名进行选择的，其只能保存 BGR 3 通道图像或 8 位单通道图像或 PNG/JPEG/TIFF 16 位无符号单通道图像。

(1) 函数说明：

```
retval = cv2.imwrite(filename, img [, paras])
```

(2) 参数说明：

① filename：要保存的图像的路径和名称，名称必须包含扩展名。

② img：要保存的 OpenCV 图像，其本质上是一个 ndarray 类型的多维数组。

③ paras：不同编码格式的参数，可选项。

cv2.CV_IMWRITE_JPEG_QUALITY：设置 .jpeg/.jpg 格式的图像的质量，取值为 0～100(默认值 95)，数值越大则图片质量越高。

cv2.CV_IMWRITE_WEBP_QUALITY：设置 .webp 格式的图像的质量，取值为 0～100。

cv2.CV_IMWRITE_PNG_COMPRESSION：设置 .png 格式的图像的压缩比，取值为 0～9(默认值 3)，数值越大则压缩比越大。

④ retval：返回值，保存成功则返回 True，否则返回 False。

实现图像保存的代码具体如下：

```
import cv2
images = cv2.imread('book.jpg', cv2.IMREAD_COLOR)
cv2.imwrite('saveImages.jpg', images)
```

代码解释如下：

(1) 导入 cv2 库。

(2) 通过 cv2.imread()函数加载名为 'book.jpg' 的图像文件，并将其存储在 images 变量中，使用 cv2.IMREAD_COLOR 参数指定以彩色图像格式加载图像。

(3) 通过 cv2.imwrite()函数将 images 存储到磁盘中，并且以 saveImages.jpg 命名图像。

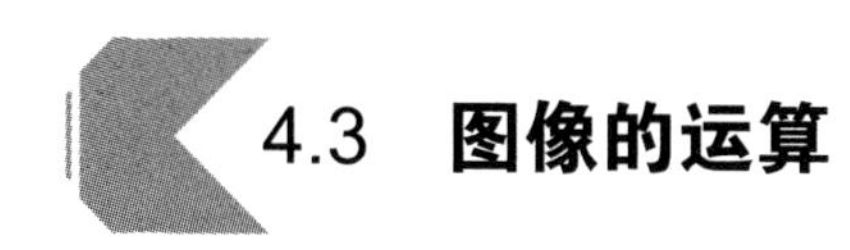

4.3 图像的运算

4.3.1 图像加法

函数 cv2.add()用于将两个图像的对应位置上的像素值相加。为了进行加法操作，要求两个图像的长、宽以及通道数都相同，或者第二个图像可以是一个简单的标量值(即单个像素值)。OpenCV 的 add 函数存在饱和操作，即如果计算后的像素值大于 255，那么将这个值设为 255，以确保像素值在合法范围内。

这种功能在深度学习中有广泛的应用，主要应用于以下方向：

(1) 数据增强。数据增强是深度学习中常用的技术，通过对训练数据进行一系列的变换和处理，扩充数据集，提高模型的泛化能力。使用 cv2.add()函数，可以对图像进行像素级的加法操作，从而实现平移、旋转、缩放等数据增强操作。

(2) 图像融合。在一些深度学习任务中，需要将多个图像进行融合或叠加，以得到更准确的结果。cv2.add()函数可以实现图像的像素级加法操作，用于将多个图像叠加到一起，生成一个新的图像，以便于后续的处理。

(3) 图像修复。图像修复是深度学习中常见的任务，用于修复损坏或缺失的图像。使用 cv2.add()函数，可以将另一个图像的对应部分粘贴到损坏的图像中，从而实现图像修复的效果。

(4) 图像合成。在一些应用中，需要将不同的图像元素合成到一个图像中，比如将不同的目标放置在背景中，或者生成特效图像等。cv2.add()函数有助于实现这种图像合成的操作。

综上所述，cv2.add()函数是一种常用的图像处理函数，在深度学习中可以广泛应用于数据增强、图像融合、图像修复、图像合成等方向，提升模型的性能和效果。

(1) 函数说明：

```
result = cv2.add(x, y)
```

(2) 参数说明：

① x 和 y 是图像矩阵。

② result：返回值，是 x 和 y 两个图像矩阵求和的结果。

实现图像加法操作的代码具体如下：

```
import cv2
import numpy as np

x = np.uint8([240])
y = np.uint8([20])
print(cv2.add(x,y))            # 240 + 20 = 260 >= 255
```

代码解释如下：

(1) 导入 numpy 和 cv2 库。

(2) 创建了两个 np.uint8 类型的 NumPy 数组 x 和 y，分别赋值 240 和 20。

(3) 使用 cv2.add()函数对 x 和 y 进行加法操作。

4.3.2 图像混合

图像混合，本质上也是图像加法，只是两张图像的权重不同，图像混合的计算公式如下：

$$g(x) = (1 - \alpha)\, f_0(x) + \alpha\, f_1(x)$$

函数 cv2.addWeighted()就能实现图像混合，可以按照下面的公式来进行图像混合：

$$dst = (1 - \alpha)image1 + \alpha image2 + \gamma$$

这里取 α 为 0.3，γ 为 0。

实现图像混合的代码具体如下：

```
import cv2

image1 = cv2.imread('book.jpg', 1)
image2 = cv2.imread('teek.jpg', 1)
im1 = cv2.resize(image1, (300, 300))
im2 = cv2.resize(image2, (300, 300))
im = cv2.addWeighted(im1, 0.7, im2, 0.3, 0)
cv2.imshow('image1.jpg', im1)
cv2.imshow('image2.jpg', im2)
cv2.imshow('result.jpg', im)
cv2.waitKey(0)
cv2.destroyAllWindows()
```

代码解释如下：

(1) 导入 cv2 库。

(2) 通过 cv2.imread()函数加载两个图像文件：'book.jpg' 和 'teek.jpg'。第二个参数(1)指定以彩色图像格式加载图像。

(3) 使用 cv2.resize()函数调整图像的大小。im1 和 im2 是调整后的 300 × 300 像素大小的图像。

(4) 使用 cv2.addWeighted()函数对两个图像进行加权混合。这里将 im1 和 im2 进行混合，其中 im1 的权重为 0.7，im2 的权重为 0.3，最后一个参数(0)是一个标量，用于调整亮度。

(5) 使用 cv2.imshow()函数显示三个图像窗口：'image1.jpg'、'image2.jpg' 和 'result.jpg'。这三个窗口分别显示原始图像 im1、im2 以及加权混合后的图像 im，结果如图 4-6 所示。

(6) 使用 cv2.waitKey(0)等待用户按下任意键，然后使用 cv2.destroyAllWindows()关闭所有图像窗口。

(a) 原始图像 1

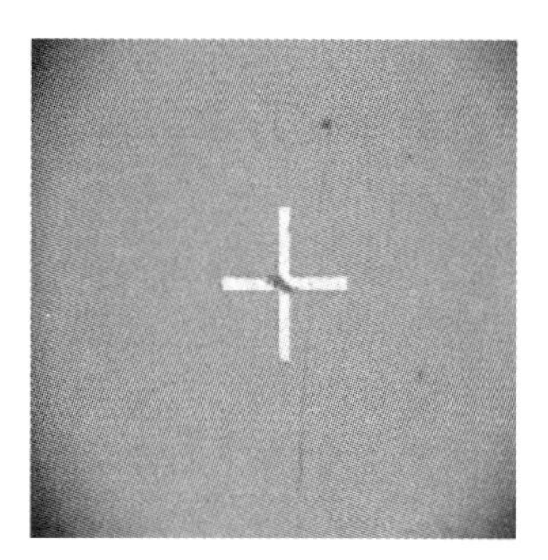

(b) 原始图像 2

(c) 混合后的图像

图 4-6　图像混合结果图

4.4　图像的几何变换

4.4.1　图像的平移

平移操作是指将 OpenCV 图像从原有位置移动到另外一个位置，设$(\tilde{x}, \tilde{y})$是移动后的图像的坐标位置，(x, y)是移动前的图像的坐标位置，d_x和 d_y为偏移量，则公式如下：

$$\begin{bmatrix} \tilde{x} \\ \tilde{y} \\ 1 \end{bmatrix} = \boldsymbol{M}_{\mathrm{AT}} \begin{bmatrix} x \\ y \\ 1 \end{bmatrix}, \quad \boldsymbol{M}_{\mathrm{AT}} = \begin{bmatrix} 1 & 0 & d_x \\ 0 & 1 & d_y \\ 0 & 0 & 1 \end{bmatrix}$$

由偏移量(d_x，d_y)按照上面的矩阵样式构造得到 $\boldsymbol{M}_{\mathrm{AT}}$ 矩阵，再通过函数 cv2.warpAffine()获得变换之后的 OpenCV 图像。

图像平移在深度学习中有广泛的应用，主要应用于以下方向：

(1) 数据增强。在深度学习中，数据增强是一种常用的技术，用于扩充训练数据集，从而提高模型的泛化能力。通过对图像进行平移操作，即将图像在水平和/或垂直方向上移动一定的像素，可以生成丰富的训练样本，增加数据的多样性。

(2) 目标检测。在目标检测任务中，通过在训练过程中应用图像平移，模型可以学习到目标在不同位置时的外观，可以间接提高生成候选框或区域建议(可能包含目标的图像区域)算法的性能，提高模型的鲁棒性，从而能够更好地处理各种位置的目标。

(3) 图像配准。图像平移在图像配准中是一个重要的步骤。图像配准是指将两幅或多幅图像进行对齐，使它们在空间上重合，以便进行后续的图像融合或图像处理任务。通过平移操作，可以将图像在特定方向上对齐，从而实现图像配准。

(4) 图像拼接。图像平移可用于图像拼接，即将多幅图像拼接成一幅大图。在全景图或广角图像的生成中，图像平移是一个常见的处理步骤，用于将相邻图像在重叠区域进行平移对齐，从而实现无缝拼接。

(5) 图像修复。图像平移在图像修复中也有应用。当图像的一部分损坏或缺失时，可以使用平移操作，将其他图像中合适的部分进行平移粘贴，从而修复损坏的区域。

总的来说，图像平移在深度学习中是一种重要的图像处理技术，它广泛应用于数据增强、目标检测、图像配准、图像拼接和图像修复等方向，有助于提高模型的性能和数据的质量。通过引入平移变换，可以增加数据的多样性和鲁棒性，从而提升深度学习模型的泛化能力。

实现图像平移操作的函数为 cv2.warpAffine()。

(1) 函数说明：

```
cv2.warpAffine(src, MAT, dsize, dst = None, flags = None, borderMode = None, borderValue = None)
```

(2) 参数说明：

① src：输入的要进行平移变换的 OpenCV 图像。

② MAT：平移变换矩阵。

③ dsize：输出图像的大小，是一个二元组(width，height)。

④ flags：插值方法，整型(int)，可选项。

cv2.INTER_LINEAR：线性插值，默认选项。

cv2.INTER_NEAREST：最近邻插值。

cv2.INTER_AREA：区域插值。

cv2.INTER_CUBIC：三次样条插值。

cv2.INTER_LANCZOS4：Lanczos 插值。

⑤ borderMode：边界像素方法，整型(int)，可选项，默认值为 cv2.BORDER_REFLECT。

⑥ borderValue：边界填充值，可选项，默认值为 0(黑色填充)。

⑦ dst：返回值，平移操作后的 OpenCV 图像，本质上是一个 ndarray 类型的多维数组。

(3) 注意事项：

① 变换前后的图像 src、dst 都是 ndarray 类型的二维数组。

② 输出图像的大小 dsize 是二元组(width，height)。

实现图像平移操作的代码如下：

```
import cv2
import numpy as np

images = cv2.imread('book.jpg', cv2.IMREAD_COLOR)
rows, cols, ch = images.shape
dx, dy = 100, 50                                    # dx = 100 向右偏移量, dy = 50 向下偏移量
MAT = np.float32([[1, 0, dx], [0, 1, dy]])          # 构造平移变换矩阵
dst = cv2.warpAffine(images, MAT, (cols, rows), borderValue = (255, 255, 255))   # 设置白色填充
cv2.imshow('image.jpg', images)
cv2.imshow('result.jpg', dst)
cv2.waitKey(0)
cv2.destroyAllWindows()
```

代码解释如下：

(1) 导入 cv2 库。

(2) 通过 cv2.imread()函数加载名为 'book.jpg' 的图像文件，使用 cv2.IMREAD_COLOR 参数指定以彩色图像格式加载图像。

(3) 使用图像的 shape 属性获取图像的行数(rows)、列数(cols)和通道数(ch)。

(4) 定义平移的偏移量(dx，dy)，其中 dx 表示向右偏移量，dy 表示向下偏移量。

(5) 构造平移变换矩阵(MAT)。这里使用 np.float32 创建一个 2 × 3 的矩阵，其中第一行表示横向位移(dx)，第二行表示纵向位移(dy)。

(6) 使用 cv2.warpAffine()函数对图像进行平移操作。传入图像(images)、变换矩阵(MAT)，以及图像的宽度(cols)和高度(rows)，并使用 borderValue 参数设置填充颜色为白色(255, 255, 255)。

(7) 使用 cv2.imshow()函数显示两个图像窗口：'image.jpg' 和 'result.jpg'。这两个窗口分别显示原始图像(images)和平移后的图像(dst)，结果如图 4-7 所示。

(8) 使用 cv2.waitKey(0)等待用户按下任意键，然后使用 cv2.destroyAllWindows()关闭

所有图像窗口。

(a) 原始图像

(b) 平移后的图像

图 4-7 图像平移结果图

4.4.2 图像的缩放

图像缩放在深度学习中有广泛的应用，主要应用于以下方向：

(1) 数据增强。数据增强是深度学习中常用的技术，用于扩充训练数据集，从而提高模型的泛化能力。通过对图像进行缩放操作，即调整图像的大小，可以生成丰富的训练样本，增加数据的多样性。缩放包括放大和缩小操作，在放大或缩小图像时可以选择保持或改变图像的长宽比例。

(2) 图像分类。在图像分类任务中，缩放操作常用于将输入图像调整为固定大小，以满足深度学习模型的输入要求。将图像缩放到相同的大小有助于确保输入图像的一致性，从而能够在不同大小的图像上进行有效的特征提取和分类。

(3) 目标检测。在目标检测任务中，缩放可以用于调整输入图像和目标区域的大小，以适应不同尺度的目标。缩放操作有助于增强对目标大小变化的适应性，提高目标检测模型在不同尺度目标上的准确性和鲁棒性。

(4) 图像分割。在图像分割任务中，缩放操作可以用于将输入图像调整为模型期望的输入大小，从而确保预测结果的一致性。同时，缩放还可以调整分割结果的大小，使其与原图像相匹配。

(5) 图像配准。图像配准是指将两幅或多幅图像进行对齐，使它们在空间上重合。缩放可以用于调整图像的大小，从而实现图像的配准和对齐。

总的来说，缩放在深度学习中是一种常用的图像处理技术，它广泛应用于数据增强、图像分类、目标检测、图像分割和图像配准等方向，有助于提高模型的性能和数据的质量。通过引入缩放变换，可以增加数据的多样性和鲁棒性，同时调整图像的大小以适应不同的深度学习模型和任务要求。

实现图像缩放操作的函数为 cv2.resize()。

(1) 函数说明：

```
cv2.resize(src, dsize, dst = None, fx = None, fy = None, interpolation = None)
```

(2) 参数说明：

① src：输入的要进行缩放的 OpenCV 图像。

② dsize：输出图像的大小，是一个二元组(width，height)。

③ fx，fy：x 轴、y 轴上的缩放比例。

④ interpolation：插值方法，可选参数。

cv2.INTER_LINEAR：双线性插值(默认方法)。

cv2.INTER_AREA：使用像素区域关系重采样，缩小图像时可以避免波纹出现。

cv2.INTER_NEAREST：最近邻插值。

cv2.INTER_CUBIC：4 × 4 像素邻域的双三次插值。

cv2.INTER_LANCZOS4：8 × 8 像素邻域的 Lanczos 插值。

⑤ dst：缩放操作的输出图像，本质上是一个 ndarray 类型的多维数组。

(3) 注意事项：

图像缩放有两种实现形式，可以通过直接设置 dsize 的大小来改变输出图像的大小，也可以通过直接设置 fx、fy 来改变图像缩放的比例(dsize 设为 None)，从而改变图像大小。

实现图像缩放操作的代码如下：

```
import cv2


image1 = cv2.imread('book.jpg', 1)
im1=cv2.resize(image1, (300, 300), cv2.INTER_AREA)
cv2.imshow('image1.jpg', im1)
cv2.waitKey(0)
cv2.destroyAllWindows()
```

代码解释如下：

(1) 导入 cv2 库。

(2) 通过 cv2.imread()函数加载名为 'book.jpg' 的图像文件，使用 cv2.IMREAD_COLOR 参数指定以彩色图像格式加载图像。

(3) 使用 resize()函数对一个名为 image1 的图像进行尺寸调整(缩放)。

(4) 使用 cv2.imshow()函数显示一个图像窗口：'image1.jpg'。

(5) 使用 cv2.waitKey()等待用户按下任意键，然后使用 cv2.destroyAllWindows()关闭所有图像窗口。

4.4.3 图像的旋转

图像旋转是指图像转动一定的角度的过程，旋转中图像仍保持着原始尺寸。后续会给出以原点为旋转中心和以任意点为旋转中心的具体实现。

图像旋转在深度学习中有广泛的应用，主要应用于以下方向：

(1) 数据增强。数据增强是深度学习中常用的技术，用于扩充训练数据集，从而提高模型的泛化能力。通过对图像进行旋转操作，可以生成丰富的训练样本，增加数据的多样性。通常可以进行任意角度的旋转，并且可以选择保持图像内容不变或进行填充来处理旋转后产生的空白区域。

(2) 图像分类。在图像分类任务中，图像旋转可以用于增加对旋转变化的鲁棒性。通过在训练数据中引入不同角度的旋转，可以使模型更好地适应图像的旋转变化，提高分类的准确性。

(3) 目标检测。在目标检测任务中，图像旋转可以用于生成不同角度的目标区域建议，从而增加对目标旋转变化的覆盖率。这有助于提高目标检测模型在各种角度上的准确性和鲁棒性。

(4) 图像分割。在图像分割任务中，图像旋转可以用于生成旋转后的输入图像和对应的分割标签，从而扩充训练数据集，增加对图像旋转变化的适应性。

(5) 图像配准。图像配准是指将两幅或多幅图像进行对齐，使它们在空间上重合。图像旋转可以用于实现图像的旋转对齐，从而实现图像配准。

总的来说，图像旋转在深度学习中是一种常用的图像处理技术，它广泛应用于数据增强、图像分类、目标检测、图像分割和图像配准等方向，有助于提高模型的性能和数据的质量。通过引入图像旋转变换，可以增加数据的多样性和鲁棒性，提高深度学习模型在不同旋转角度下的适应性和泛化能力。

1. 以原点为旋转中心

图像以原点(0, 0)为中心，顺时针旋转 θ，这个过程可以表示为

$$\begin{bmatrix} \tilde{x} \\ \tilde{y} \\ 1 \end{bmatrix} = \boldsymbol{M}_{\mathrm{AR}} \begin{bmatrix} x \\ y \\ 1 \end{bmatrix}, \quad \boldsymbol{M}_{\mathrm{AR}} = \begin{bmatrix} \cos\theta & -\sin\theta & 0 \\ \sin\theta & \cos\theta & 0 \\ 0 & 0 & 1 \end{bmatrix}$$

先按上式构造旋转变换矩阵 $\boldsymbol{M}_{\mathrm{AR}}$，然后通过函数 cv2.warpAffine()可以得到按照原点旋转 θ 后的图像。

(1) 函数说明：

```
cv2.warpAffine(src, M, dsize, dst = None, flags = None, borderMode = None, borderValue = None)
```

(2) 参数说明：

① src：要旋转的 OpenCV 图像。

② M：旋转变换矩阵。

③ dsize：旋转后图像的大小，是一个二元组。

④ borderMode：边界像素方法，整型(int)，可选项，默认值为 cv2.BORDER_REFLECT。

⑤ borderValue：旋转后边界填充的样式。

⑥ dst：返回值，按所给参数旋转之后的图像。

(3) 注意事项：

① 求出旋转变换矩阵，由函数 cv2.warpAffine()可以实现任意角度和任意中心的旋转效果。

② 以图像中心为旋转中心时，可以用 img.shape 获得图像的宽度和高度值，除以 2 就能得到图像中心的坐标。

③ 当旋转角度为 90°、180°或 270°时，可以用 cv2.rotate(src, rotateCode)函数实现，该方法实际上是通过矩阵转置实现的，因此速度很快。

以原点为旋转中心的旋转操作的代码如下：

```
import cv2
import numpy as np

image1 = cv2.imread('book.jpg', 1)
rows, cols, ch = im1.shape
theta = np.pi / 8.0                # 顺时针旋转角度
cosTheta = np.cos(theta)
sinTheta = np.sin(theta)
MAT = np.float32([[cosTheta, -sinTheta, 0], [sinTheta, cosTheta, 0]])          # 构造旋转变换矩阵
dst = cv2.warpAffine(im1, MAT, (cols, rows), borderValue = (255, 255, 255))    # 设置白色填充
cv2.imshow('image1.jpg', im1)
cv2.imshow('result.jpg', dst)
cv2.waitKey(0)
cv2.destroyAllWindows()
```

代码解释如下：

(1) 导入 cv2 库。

(2) 通过 cv2.imread()函数加载名为 'book.jpg' 的图像文件，并将其存储在 image1 变量中。

(3) 使用 im1.shape 获取图像的行数(rows)、列数(cols)和通道数(ch)。

(4) 定义旋转角度(theta)，这里设置为逆时针旋转 8°，即顺时针旋转角度为 np.pi/8.0。

(5) 计算旋转角度的余弦值(cosTheta)和正弦值(sinTheta)。

(6) 构造旋转变换矩阵(MAT)。使用 np.float32 创建一个 2 × 3 的矩阵，其中第一行表示旋转变换的 cosTheta 和 -sinTheta，第二行表示 sinTheta 和 cosTheta，最后一列为 0。

(7) 使用 cv2.warpAffine()函数对图像进行旋转操作。输入图像(im1)、变换矩阵(MAT)，以及图像的宽度(cols)和高度(rows)，并使用 borderValue 参数设置填充颜色为白色(255, 255, 255)。

(8) 使用 cv2.imshow()函数显示两个图像窗口：'image1.jpg' 和 'result.jpg'。这两个窗口分别显示原始图像(im1)和旋转后的图像(dst)，结果如图 4-8 所示。

(9) 使用 cv2.waitKey(0)等待用户按下任意键，然后使用 cv2.destroyAllWindows()关闭所有图像窗口。

(a) 原始图像

(b) 旋转后的图像

图 4-8　图像旋转结果图

2. 以任意点为旋转中心

对于图像以任意点(x_0, y_0)为旋转中心、顺时针旋转 θ 的旋转操作，可以先将原点平移到旋转中心(x_0, y_0)，然后按照原点旋转，最后再平移回坐标原点，可以描述为

$$\begin{bmatrix} \tilde{x} \\ \tilde{y} \\ 1 \end{bmatrix} = \begin{bmatrix} 1 & 0 & x_0 \\ 0 & 1 & y_0 \\ 0 & 0 & 1 \end{bmatrix} \quad \boldsymbol{M}_{\text{AR}} \begin{bmatrix} 1 & 0 & -x_0 \\ 0 & 1 & -y_0 \\ 0 & 0 & 1 \end{bmatrix} \begin{bmatrix} x \\ y \\ 1 \end{bmatrix}, \quad \boldsymbol{M}_{\text{AR}} = \begin{bmatrix} \cos\theta & -\sin\theta & 0 \\ \sin\theta & \cos\theta & 0 \\ 0 & 0 & 1 \end{bmatrix}$$

按上式构造旋转变换矩阵 $\boldsymbol{M}_{\text{AR}}$，通过函数 cv2.warpAffine()可以计算变换后的绕原点旋转的图像。

对于旋转变换矩阵 $\boldsymbol{M}_{\text{AR}}$，OpenCV 提供了 cv2.getRotationMatrix2D()函数，可以根据给定的旋转中心坐标和旋转角度以及缩放因子得到。

(1) 函数说明：

```
MAR = cv2.getRotationMatrix2D(center, angle, scale)
```

(2) 参数说明：

① center：旋转中心坐标，二元元组(x_0, y_0)。

② angle：旋转角度，单位为(°)，逆时针为正，顺时针为负。

③ scale：缩放因子。

④ MAR：旋转变换矩阵，2 行 3 列。

(3) 注意事项：

① 求出旋转变换矩阵 MAR，由函数 cv2.warpAffine()可以实现任意角度和任意中心的旋转效果。

② 以图像中心为旋转中心时，可以用 img.shape 获得图像的宽度和高度值，除以 2 就能得到图像中心的坐标。

③ 当旋转角度为 90°、180°或 270°时，可以用 cv2.rotate()函数实现，该方法实际上是通过矩阵转置实现的，因此速度很快。

以任意点为旋转中心的旋转操作的代码如下：

```
import cv2

image1 = cv2.imread('book.jpg', 1)
im1 = cv2.resize(image1, (300, 300), cv2.INTER_AREA)
height, width = im1.shape[:2]        # 图像的高度和宽度

theta1, theta2 = 30, 45              # 顺时针旋转角度，单位为(°)
x0, y0 = width // 2, height // 2     # 以图像中心为旋转中心
MAR1 = cv2.getRotationMatrix2D((x0, y0), theta1, 1.0)       # 构造顺时针旋转 30°的旋转变换矩阵
MAR2 = cv2.getRotationMatrix2D((x0, y0), theta2, 1.0)       # 构造顺时针旋转 45°的旋转变换矩阵
imgR1 = cv2.warpAffine(im1, MAR1, (width, height))          # 旋转变换，默认为黑色填充
imgR2 = cv2.warpAffine(im1, MAR2, (width, height), borderValue=(255, 255, 255))  # 设置白色填充
cv2.imshow('image1.jpg', im1)
cv2.imshow('result30.jpg', imgR1)
cv2.imshow('result45.jpg', imgR2)
cv2.waitKey(0)
cv2.destroyAllWindows()
```

代码解释如下：

(1) 导入 cv2 库。

(2) 通过 cv2.imread()函数加载名为 'book.jpg' 的图像文件，并将其存储在 image1 变量中。

(3) 使用 cv2.resize()函数将图像大小调整为 300 × 300 像素，并使用 cv2.INTER_AREA 参数进行插值处理。

(4) 使用 im1.shape[:2]获取图像的高度(height)和宽度(width)。

(5) 定义两个旋转角度(theta1 和 theta2)，分别为 30° 和 45°，单位为(°)。

(6) 计算旋转中心(x0, y0)，这里取图像宽度的一半和高度的一半。

(7) 使用 cv2.getRotationMatrix2D()函数构造旋转变换矩阵(MAR1 和 MAR2)，并分别传入旋转中心坐标、旋转角度和缩放因子(1.0)。

(8) 使用 cv2.warpAffine()函数对图像进行旋转操作，分别传入图像(im1)、旋转变换矩阵(MAR1 和 MAR2)、图像的宽度和高度，并使用 borderValue 参数设置填充颜色为白色(255, 255, 255)。

(9) 使用 cv2.imshow()函数显示三个图像窗口：'image1.jpg'、'result30.jpg' 和 'result45.jpg'。这三个窗口分别显示原始图像(im1)、顺时针旋转 30° 后的图像(imgR1)和顺时针旋转 45° 后的图像(imgR2)，结果如图 4-9 所示。

(10) 使用 cv2.waitKey(0)等待用户按下任意键，然后使用 cv2.destroyAllWindows()关闭所有图像窗口。

(a) 原始图像

(b) 顺时针旋转 30°

(c) 顺时针旋转 45°

图 4-9 图像旋转结果图

4.5 图像的形态学处理

4.5.1 图像灰度化

常见的彩色 RGB 图像由三个通道组成，而灰度图像只有一个通道，其值在(0，255)之间。

图像灰度化在深度学习中有广泛的应用，主要应用于以下方向：

(1) 数据预处理。在深度学习中，对输入数据进行预处理是一个重要的步骤。图像灰度化即将彩色图像转换为灰度图像，是一种常用的图像预处理技术。灰度图像只有一个通道，相比于彩色图像的三个通道，其数据更加简单。通过图像灰度化，可以减少计算量和内存占用，使得深度学习模型更容易处理和训练。

(2) 物体检测和识别。在一些物体检测和识别任务中，只需要对物体的纹理、形状和结构进行识别，而不需要考虑颜色信息。通过图像灰度化，可以忽略颜色通道，减少图像中的冗余信息，从而提高检测和识别的准确性和鲁棒性。

(3) 图像增强。在一些图像增强任务(如图像去噪、图像增强对比度等)中，图像灰度化可以作为预处理步骤，使得增强算法更容易应用于单通道图像，从而提高增强效果。

(4) 特征提取。在深度学习中，通常会使用卷积神经网络等模型进行特征提取。灰度图像在进行卷积操作时，只有一个通道，可以更有效地捕捉图像的纹理和形状信息，从而有助于提高特征提取的效率。

(5) 图像分类。在一些图像分类任务中，颜色信息可能不是判别目标的关键特征。通过图像灰度化，可以减少数据维度，同时仍然保留了图像中重要的结构信息，从而提高图像分类的准确性。

总的来说，图像灰度化在深度学习中是一种常用的图像处理技术，它广泛应用于数据预处理、物体检测和识别、图像增强、特征提取和图像分类等方向。通过图像灰度化，可以简化图像数据，减少冗余信息，提高深度学习模型的性能和效果。

实现图像灰度化的函数是 cv2.cvtColor()。

(1) 函数说明：

```
cv2.cvtColor(src, code, dst = None, dstCn = None)
```

(2) 参数说明：

① src：输入的 OpenCV 图像，本质上是一个像素矩阵。

② code：图像灰度化的转换模式，为可选参数。

cv2.COLOR_BGR2GRAY：彩色转灰度。

cv2.COLOR_GRAY2BGR：单通道转三通道。

cv2.COLOR_BGR2RGB：BGR 和 RGB 的转化。

③ dst：灰度化后的 OpenCV 图像，和输入图像的大小和深度相同。

④ dstCn：输出图像的通道数，默认情况下是 0。

实现图像灰度化的代码如下：

```
import cv2
```

```
images = cv2.imread('book.jpg', cv2.IMREAD_COLOR)
gray = cv2.cvtColor(images, cv2.COLOR_BGR2GRAY)
cv2.imshow('image.jpg', images)
cv2.imshow('result.jpg', gray)
cv2.waitKey(0)
cv2.destroyAllWindows()
```

代码解释如下：

(1) 导入 cv2 库。

(2) 通过 cv2.imread()函数加载名为 'book.jpg' 的图像文件，并将其存储在 images 变量中，使用 cv2.IMREAD_COLOR 参数指定以彩色图像格式加载图像。

(3) 使用 cv2.cvtColor()函数将彩色图像转换为灰度图像，传入 images 和 cv2.COLOR_BGR2GRAY 参数(表示将 BGR 格式的图像转换为灰度图像)。

(4) 使用 cv2.imshow()函数显示两个图像窗口：'image.jpg' 和 'result.jpg'。这两个窗口分别显示原始图像(images)和灰度图像(gray)，结果如图 4-10 所示。

(5) 使用 cv2.waitKey(0)等待用户按下任意键，然后使用 cv2.destroyAllWindows()关闭所有图像窗口。

(a) 原始图像

(b) 灰度图像

图 4-10 图像灰度化结果图

4.5.2 图像二值化

阈值是图像二值化的必要条件，所谓阈值就是一个设定的值。在图像二值化中，对于整张图像来说，大于某阈值的图像像素点被重新赋值为一个值，小于某阈值的图像像素点被重新赋值为另一个值，阈值的选取直接决定了图像二值化的效果。

图像二值化在深度学习中有广泛的应用，主要应用于以下方向：

(1) 特征提取。在一些图像处理任务中，二值化可以用于提取图像的特定特征。通过将图像转换为二值图像，可以突出目标区域的边缘和轮廓，使得深度学习模型更容易识别和提取关键特征。

(2) 图像分割。在图像分割任务中，二值化可以用于将图像中的目标和背景分离。通过将图像进行二值化，将目标区域转换为白色，背景转换为黑色，从而实现目标的分割和提取。

(3) 文字识别。在文字识别任务中，二值化可以用于分离图像中的文字与背景。通过将图像进行二值化，可以将文字区域转换为白色，背景转换为黑色，从而使得文字区域更容易被深度学习模型识别和提取。

(4) 目标检测。在目标检测任务中，二值化可以用于生成目标区域的掩膜或二值图像，从而帮助深度学习模型更好地定位和识别目标。

(5) 图像增强。在一些图像增强任务中，二值化可以作为预处理步骤，帮助增强算法更容易地应用于单通道图像，从而提高增强效果。

总的来说，图像二值化在深度学习中是一种常用的图像处理技术，它广泛应用于特征提取、图像分割、文字识别、目标检测和图像增强等方向。通过图像二值化，可以简化图像数据，突出目标特征，提高深度学习模型的性能和效果。

函数 cv2.threshold()用于固定阈值的图像二值化处理。

(1) 函数说明：

```
retval, img = cv2.threshold(src, thresh, maxval, type)
```

(2) 参数说明：

① src：输入的 OpenCV 图像，本质上是一个像素矩阵。

② thresh：人为设定的阈值，取值范围在 0～255。

③ maxval：最大阈值，取值范围在 0～255，一般取 255。

④ type：阈值分割的类型，为可选项。

cv2.THRESH_BINARY：超过阈值的部分取最大值，否则为零。

cv2.THRESH_BINARY_INV：与 cv2.THRESH_BINARY 相反。

cv2.THRESH_TRUNC：大于阈值的部分设为阈值，否则不变。

cv2.THRESH_TOZERO：大于阈值的部分不改变，否则设为零。

cv2.THRESH_TOZERO_INV：与 cv2.THRESH_TOZERO 相反。

⑤ retval：返回的二值化的阈值。

⑥ img：返回的阈值变换后的图像。

(3) 注意事项：

只有 type 为 cv2.THRESH_BINARY 或 cv2.THRESH_BINARY_INV 时，输出才为二值图像；type 为其他变换类型时，进行阈值处理，但并不是二值处理。

固定阈值的图像二值化处理代码如下：

```
import cv2

image = cv2.imread('book.jpg', cv2.IMREAD_COLOR)
image = cv2.resize(images, (300, 300))
gray = cv2.cvtColor(images, cv2.COLOR_BGR2GRAY)
ret1, img1 = cv2.threshold(gray, 63, 255, cv2.THRESH_BINARY)    # 转换为二值图像, thresh=63
ret3, img3 = cv2.threshold(gray, 191, 255, cv2.THRESH_BINARY)  # 转换为二值图像, thresh=191
ret4, img4 = cv2.threshold(gray, 127, 255, cv2.THRESH_BINARY_INV)  # 逆二值图像，BINARY_INV
ret5, img5 = cv2.threshold(gray, 127, 255, cv2.THRESH_TRUNC) # TRUNC 阈值处理，THRESH_ TRUNC
ret6, img6 = cv2.threshold(gray, 127, 255, cv2.THRESH_TOZERO) # TOZERO 阈值处理，THRESH_ TOZERO

cv2.imshow('image.jpg', gray)
cv2.imshow('result1.jpg', img1)
cv2.imshow('result3.jpg', img3)
cv2.imshow('result4.jpg', img4)
cv2.imshow('result5.jpg', img5)
cv2.imshow('result6.jpg', img6)
cv2.waitKey(0)
cv2.destroyAllWindows()
```

代码解释如下：

(1) 导入 cv2 库。

(2) 通过 cv2.imread()函数加载名为 'book.jpg' 的图像文件，并将其存储在 image 变量中，使用 cv2.IMREAD_COLOR 参数指定以彩色图像格式加载图像。

(3) 使用 cv2.resize()函数将图像大小调整为 300 × 300 像素。

(4) 使用 cv2.cvtColor()函数将彩色图像转换为灰度图像，传入 image 和 cv2.COLOR_BGR2GRAY 参数(表示将 BGR 格式的图像转换为灰度图像)。

(5) 使用 cv2.threshold()函数将灰度图像转换为二值图像。这里使用不同的阈值和阈值处理方法进行转换。

ret1, img1 = cv2.threshold(gray, 63, 255, cv2.THRESH_BINARY)：使用阈值 63 进行二值化处理，大于阈值的像素设为 255，小于阈值的像素设为 0。

ret3, img3 = cv2.threshold(gray, 191, 255, cv2.THRESH_BINARY)：使用阈值 191 进行二值化处理，大于阈值的像素设为 255，小于阈值的像素设为 0。

ret4, img4 = cv2.threshold(gray, 127, 255, cv2.THRESH_BINARY_INV)：使用阈值 127

进行逆二值化处理，即大于阈值的像素设为 0，小于阈值的像素设为 255。

ret5, img5 = cv2.threshold(gray, 127, 255, cv2.THRESH_TRUNC)：使用阈值 127 进行阈值截断处理，即大于阈值的像素设为阈值，小于或等于阈值的像素保持不变。

ret6, img6 = cv2.threshold(gray, 127, 255, cv2.THRESH_TOZERO)：使用阈值 127 进行像素置为 0 的处理，即大于阈值的像素保持不变，小于或等于阈值的像素设为 0。

(6) 使用 cv2.imshow()函数显示多个图像窗口，包括原始灰度图像('image.jpg')和各个阈值处理后的图像窗口('result1.jpg', 'result3.jpg', 'result4.jpg', 'result5.jpg', 'result6.jpg')，结果如图 4-11 所示。

(7) 使用 cv2.waitKey(0)等待用户按下任意键，然后使用 cv2.destroyAllWindows()关闭所有图像窗口。

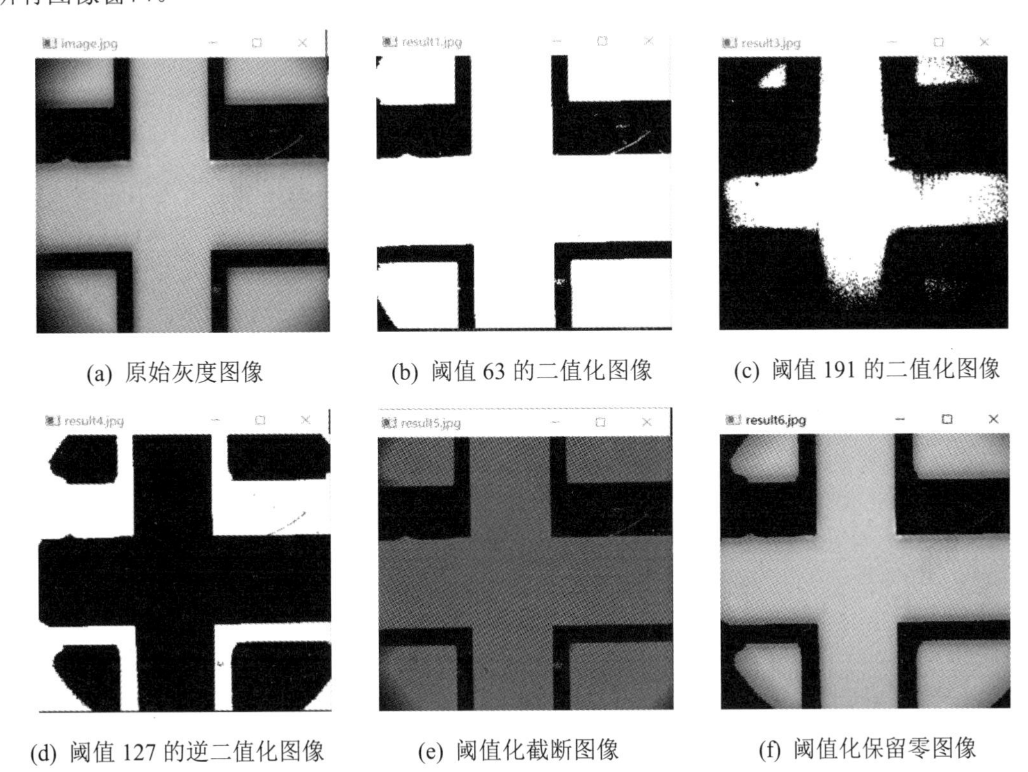

(a) 原始灰度图像　(b) 阈值 63 的二值化图像　(c) 阈值 191 的二值化图像

(d) 阈值 127 的逆二值化图像　(e) 阈值化截断图像　(f) 阈值化保留零图像

图 4-11　图像二值化结果图

在前面的部分我们使用的是全局阈值，即整幅图像采用同一个数作为阈值。但是这种方法并不适用于所有情况，尤其是当同一幅图像上的不同部分具有不同亮度时。这时我们采用自适应阈值，即根据图像上的每一个小区域计算与其对应的阈值。因此在同一幅图像上的不同区域采用的是不同的阈值，从而能够在不同亮度的情况下得到更好的结果。

函数 cv2.adaptiveThreshold()为自适应阈值的二值化处理函数，可以通过比较像素点与周围像素点的关系动态调整阈值。

(1) 函数说明：

```
cv2.adaptiveThreshold(src, maxValue, adaptiveMethod, thresholdType, blockSize, C, dst)
```

(2) 参数说明：

① src：输入的 OpenCV 图像，本质上是一个像素矩阵。

② maxValue：一般取 255。

③ adaptiveMethod：自适应阈值算法，为可选项。

cv2.ADPTIVE_THRESH_MEAN_C：阈值取相邻区域的平均值。

cv2.ADPTIVE_THRESH_GAUSSIAN_C：阈值取相邻区域的加权和，权重为一个高斯窗口。

④ thresholdType：阈值类型，为可选项。

cv2.THRESH_BINARY：超过阈值的部分取最大值，否则为零。

cv2.THRESH_BINARY_INV：与 cv2.THRESH_BINARY 相反。

⑤ blockSize：决定了用于计算阈值的邻域大小。这个邻域是以当前像素为中心的正方形区域，blockSize 表示正方形的边长，必须是一个奇数(如 3, 5, 7 等)，以确保有一个中心像素。

⑥ C：减去平均值或加权平均值后的常数值。

⑦ dst：返回的阈值变换后的图像。

自适应阈值处理代码如下：

```
import cv2

image = cv2.imread('book.jpg', 0)
ret, th1 = cv2.threshold(image, 127, 255, cv2.THRESH_BINARY)
th2 = cv2.adaptiveThreshold(image, 255, cv2.ADAPTIVE_THRESH_MEAN_C, cv2.THRESH_
BINARY, 11, 2)
th3 = cv2.adaptiveThreshold(image, 255, cv2.ADAPTIVE_THRESH_GAUSSIAN_C, cv2.THRESH_
BINARY, 11, 2)
cv2.imshow('Original Image',image)
cv2.imshow('Global Thresholding (v = 127)', th1)
cv2.imshow('Adaptive Mean Thresholding', th2)
cv2.imshow('Adaptive Gaussian Thresholding', th3)
cv2.waitKey()
cv2.destroyAllWindows()
```

代码解释如下：

(1) 导入 cv2 库。

(2) 通过 cv2.imread()函数加载名为 'book.jpg' 的图像文件，并将其存储在 image 变量中，使用参数 0 表示以灰度图像格式加载图像。

(3) 使用 cv2.threshold()函数进行全局阈值处理，传入 image、阈值 127、最大像素值 255 和 cv2.THRESH_BINARY 参数(表示将灰度图像根据阈值进行二值化处理)。

(4) 使用 cv2.adaptiveThreshold()函数进行自适应阈值处理。分别使用 cv2.ADAPTIVE_THRESH_MEAN_C 和 cv2.ADAPTIVE_THRESH_GAUSSIAN_C 参数进行自适应阈值处理。这两种方法先将图像分成小块，然后根据每个块的局部像素值计算阈值。

(5) 使用 cv2.imshow()函数显示多个图像窗口，包括原始灰度图像('Original Image')、全局阈值处理图像('Global Thresholding (v = 127)')、自适应均值阈值处理图像('Adaptive Mean Thresholding')和自适应高斯阈值处理图像('Adaptive Gaussian Thresholding')，结果如图 4-12 所示。

(6) 使用 cv2.waitKey()等待用户按下任意键，然后使用 cv2.destroyAllWindows()关闭所有图像窗口。

(a) 原始灰度图像

(b) 全局阈值处理图像

(c) 自适应均值阈值处理图像

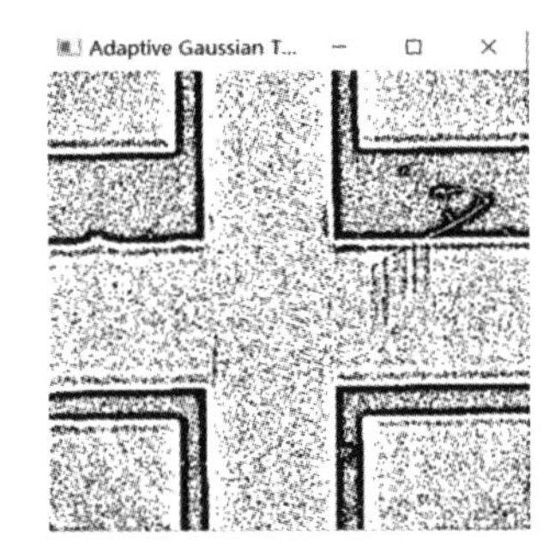

(d) 自适应高斯阈值处理图像

图 4-12　自适应阈值处理图像

4.5.3 图像腐蚀

腐蚀操作输出的图像一般都是处理后的二值图，它会把前景的物体的边界腐蚀掉。在卷积核沿着图像滑动的过程中，如果与卷积核对应的原图的所有像素都是 1，那么中心元素就保持原来的像素值，否则就变为零，因此这个操作会使前景物体变小，整幅图像的白色区域减小。

图像腐蚀在深度学习中有广泛的应用，主要应用于以下方向：

(1) 图像预处理。在深度学习中，图像预处理是一个重要的步骤，用于提取有用的特征并减少冗余信息。图像腐蚀可以用于去除图像中的小噪点和不相关的细节，从而使图像更加干净和清晰。

(2) 目标检测。在目标检测任务中，图像腐蚀可以用于改变目标的形状和结构，从而使得目标更易于被检测和定位。通过腐蚀操作，可以消除目标周围的干扰区域，使目标区域更加连续和紧凑。

(3) 图像分割。在图像分割任务中，图像腐蚀可以用于改变图像的连通性，从而有助于分离目标和背景区域。通过腐蚀操作，可以将目标区域的边缘逐渐腐蚀掉，从而使目标区域变小，背景区域变大，实现图像的分割。

(4) 图像修复。图像腐蚀还可以用于图像修复任务，例如去除图像中的缺陷或损坏区域。通过腐蚀操作，可以将图像中缺陷区域的像素值逐渐腐蚀为背景值，从而实现图像的修复。

总的来说，图像腐蚀在深度学习中是一种有用的图像处理技术，它可以用于图像预处理、目标检测、图像分割和图像修复等任务。通过腐蚀操作，可以改变图像的形状和结构，提取有用的信息和特征，从而提高深度学习模型的性能和效果。

实现图像腐蚀操作的函数是 cv2.erode()。

(1) 函数说明：

```
cv2.erode(src, kernel, dst=None, anchor=None, iterations=None, borderType=None, borderValue=None)
```

(2) 参数说明：

① src：表示输入的图像。

② kernel：表示卷积核的大小。

③ dst：返回的结果矩阵。

④ anchor：核矩阵锚点，不传值或传值为(−1, −1)，则取核矩阵的中心位置作为锚点。

⑤ iterations：表示迭代的次数。

⑥ borderType：扩充边界的模式，缺省值 None 表示不进行边界扩充。

⑦ borderValue：当 borderType = cv2.BORDER_CONSTANT 时，添加的边界框像素值

为常数，扩充边界的元素以 borderValue 填充。

实现图像腐蚀操作的代码如下：

```
import numpy as np
import cv2


img = cv2.imread('1668765522216.jpg')
gray = cv2.cvtColor(img, cv2.COLOR_BGR2GRAY)
image = cv2.resize(gray, (300, 300), cv2.INTER_LINEAR)
th3 = cv2.adaptiveThreshold(image, 255, cv2.ADAPTIVE_THRESH_GAUSSIAN_C, cv2.THRESH_
BINARY, 11, 2)
kernel = np.ones((3, 3), np.uint8)
erosion = cv2.erode(th3, kernel, iterations = 1)
cv2.imshow('Threshold Image', th3)
cv2.imshow('erosion', erosion)
cv2.waitKey()
cv2.destroyAllWindows()
```

代码解释如下：

(1) 导入 numpy 和 cv2 库。

(2) 使用 cv2.imread()函数加载名为 '1668765522216.jpg' 的图像文件，并将其存储在 img 变量中。

(3) 使用 cv2.cvtColor() 函数将彩色图像转换为灰度图像，传入 img 和 cv2.COLOR_BGR2GRAY 参数(表示将 BGR 格式的图像转换为灰度图像)，将转换后的灰度图像存储在 gray 变量中。

(4) 使用 cv2.resize()函数将灰度图像的大小调整为 300 × 300 像素，传入 gray、目标尺寸(300, 300)和 cv2.INTER_LINEAR 参数(表示使用线性插值方法进行图像大小调整)，将调整后的图像存储在 image 变量中。

(5) 使用 cv2.adaptiveThreshold()函数进行自适应阈值处理，传入 image、最大像素值 255、cv2.ADAPTIVE_THRESH_GAUSSIAN_C 参数(表示使用高斯加权平均计算阈值)、cv2.THRESH_BINARY 参数(表示将灰度图像进行二值化处理)、块大小 11 和常数 2，将阈值处理后的图像存储在 th3 变量中。

(6) 创建一个大小为(3, 3)的矩形结构元素(kernel)，该结构元素用于腐蚀操作。

(7) 使用 cv2.erode()函数进行腐蚀操作，传入 th3、kernel 和迭代次数 iterations=1(表示进行一次腐蚀操作)，将腐蚀后的图像存储在 erosion 变量中。

(8) 使用 cv2.imshow()函数显示两个图像窗口，包括阈值处理后的图像窗口('Threshold Image')和腐蚀后的图像窗口('erosion')，结果如图 4-13 所示。

(9) 使用 cv2.waitKey()等待用户按下任意键，然后使用 cv2.destroyAllWindows()关闭所有图像窗口。

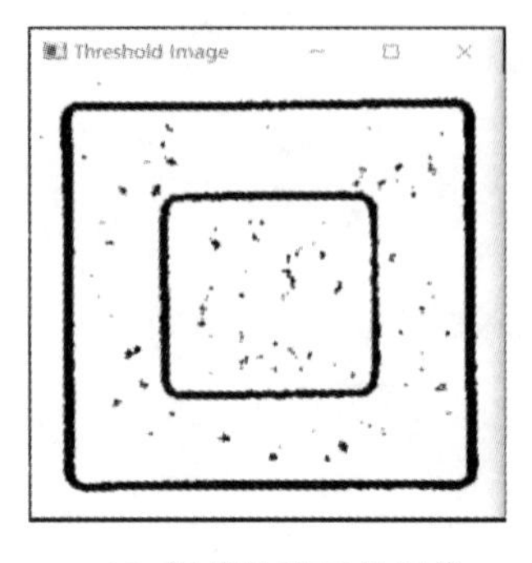

(a) 阈值处理后的图像

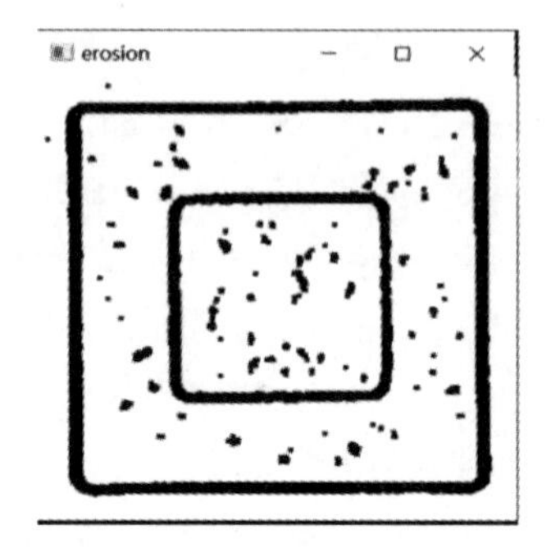

(b) 腐蚀后的图像

图 4-13 图像腐蚀结果图

4.5.4 图像膨胀

膨胀操作与腐蚀操作相反，在卷积核沿着图像滑动的过程中，如果与卷积核对应的原图的像素中有一个是 1，那么中心元素就为 1，因此这个操作会使整幅图像的白色区域(前景)增多。

图像膨胀在深度学习中有广泛的应用，主要应用于以下方向：

(1) 图像预处理。在深度学习中，图像预处理是一个重要的步骤，用于提取有用的特征并减少冗余信息。图像膨胀可以用于填充图像中的空洞和空白区域，从而使图像更加完整和连续。

(2) 目标检测。在目标检测任务中，图像膨胀可以用于改变目标的形状和结构，从而使得目标更易于被检测和定位。通过膨胀操作，可以扩展目标区域的边缘，增加目标的尺寸和连通性。

(3) 图像分割。在图像分割任务中，图像膨胀可以用于改变图像的连通性，从而有助于合并相邻的目标区域。通过膨胀操作，可以将目标区域的边缘逐渐扩展，使相邻目标区域融合在一起，实现图像的分割。

(4) 图像修复。图像膨胀还可以用于图像修复任务，例如填充图像中的缺陷或损坏区域。通过膨胀操作，可以将图像中缺陷区域的像素值扩展为周围的背景值，从而实现图像的修复。

总的来说，图像膨胀在深度学习中是一种有用的图像处理技术，它可以用于图像预处理、目标检测、图像分割和图像修复等任务。通过膨胀操作，可以改变图像的形状和结构，填充空洞和空白区域，提取有用的信息和特征，从而提高深度学习模型的性能和效果。

实现图像膨胀操作的函数为 dilate()。

(1) 函数说明：

```
dilate(src, kernel, dst=None, anchor=None, iterations=None, borderType=None, borderValue=None)
```

(2) 参数说明：

① src：表示输入的图像。

② kernel：表示卷积核的大小。

③ dst：返回的结果矩阵。

④ anchor：核矩阵锚点，不传值或传值为(−1, −1)，则取核矩阵的中心位置作为锚点。

⑤ borderType：扩充边界的模式，缺省值 None 表示不进行边界扩充。

⑥ borderValue：当 borderType = cv2.BORDER_CONSTANT 时，添加的边界框像素值为常数，扩充边界的元素以 borderValue 填充。

⑦ iterations：表示迭代的次数。

实现图像膨胀操作的代码如下：

```
import numpy as np
import cv2

img = cv2.imread('1668765522216.jpg')
gray = cv2.cvtColor(img, cv2.COLOR_BGR2GRAY)
image = cv2.resize(gray, (300, 300), cv2.INTER_LINEAR)
th3 = cv2.adaptiveThreshold(image, 255, cv2.ADAPTIVE_THRESH_GAUSSIAN_C, cv2.THRESH_
BINARY, 11, 2)
kernel = np.ones((3, 3), np.uint8)
dilate = cv2.dilate(th3, kernel, iterations=1)
cv2.imshow('Threshold Image', th3)
cv2.imshow('dilate', dilate)
cv2.waitKey()
cv2.destroyAllWindows()
```

代码解释如下：

(1) 导入 numpy 和 cv2 库。

(2) 使用 cv2.imread()函数加载名为'1668765522216.jpg'的图像文件，并将其存储在 img 变量中。

(3) 使用 cv2.cvtColor()函数将彩色图像转换为灰度图像，传入 img 和 cv2.COLOR_BGR2GRAY 参数(表示将 BGR 格式的图像转换为灰度图像)，将转换后的灰度图像存储在 gray 变量中。

(4) 使用 cv2.resize()函数将灰度图像的大小调整为 300 × 300 像素，传入 gray、目标尺寸(300, 300)和 cv2.INTER_LINEAR 参数(表示使用线性插值方法进行图像大小调整)，将调整后的图像存储在 image 变量中。

(5) 使用 cv2.adaptiveThreshold()函数进行自适应阈值处理，传入 image、最大像素值 255、cv2.ADAPTIVE_THRESH_GAUSSIAN_C 参数(表示使用高斯加权平均计算阈值)、cv2.THRESH_BINARY 参数(表示将灰度图像进行二值化处理)、块大小 11 和常数 2，将阈值处理后的图像存储在 th3 变量中。

(6) 创建一个大小为(3, 3)的矩形结构元素(kernel)，该结构元素用于膨胀操作。

(7) 使用 cv2.dilate()函数进行膨胀操作，传入 th3、kernel 和迭代次数 iterations=1(表示进行一次膨胀操作)，将膨胀后的图像存储在 dilate 变量中。

(8) 使用 cv2.imshow()函数显示两个图像窗口，包括阈值处理后的图像窗口('Threshold Image')和膨胀后的图像窗口('dilate')，结果如图 4-14 所示。

(9) 使用 cv2.waitKey()等待用户按下任意键，然后使用 cv2.destroyAllWindows()关闭所有图像窗口。

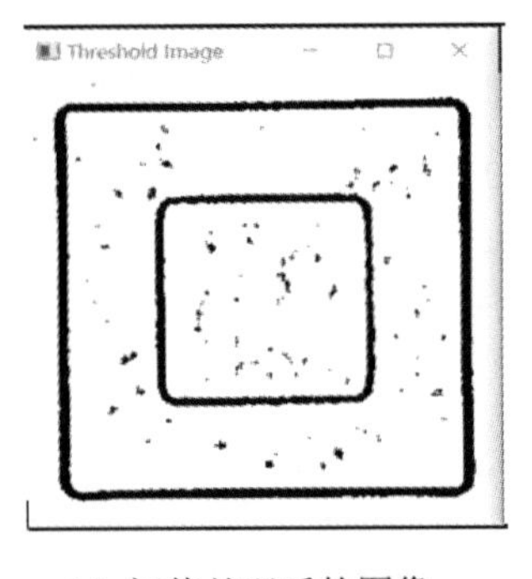

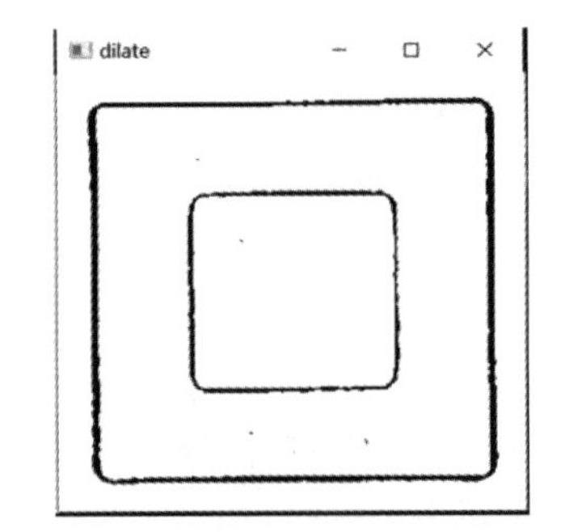

(a) 阈值处理后的图像　　(b) 膨胀后的图像

图 4-14　图像膨胀结果图

4.5.5　开运算

开运算操作是对原始图像先进行腐蚀操作，然后再进行膨胀操作。

开运算在深度学习中有广泛的应用，主要应用于以下方向：

(1) 去除噪点。在深度学习中，图像可能受到小噪点的干扰。通过应用开运算，可以有效地去除图像中的小噪点，从而净化图像，提高深度学习模型的性能。

(2) 图像预处理。开运算可以用于图像预处理。在某些图像处理任务中，先进行开运算，可以使目标区域变得更加连续，便于后续的特征提取和分析。

(3) 图像分割。在图像分割任务中，开运算可以用于分离相邻目标之间的连通区域。通过先腐蚀再膨胀，可以去除目标区域的边缘部分，使得相邻目标区域在一定程度上分离。

(4) 填充空洞。开运算还可以用于填充图像中的空洞区域。通过先腐蚀再膨胀，可以扩展目标区域的边缘，从而填充空洞部分，使图像更加完整。

(5) 图像增强。在图像增强任务中，开运算可以用于对图像进行去噪和边缘增强，从而提高图像质量，帮助深度学习模型更好地学习和识别图像特征。

总的来说，图像开运算在深度学习中是一种有用的图像处理技术，它可以用于去除噪点、图像预处理、图像分割、填充空洞和图像增强等任务。通过腐蚀和膨胀操作的组合，开运算还可以对图像的形态进行调整和优化，从而提高深度学习模型的性能和效果。

实现开运算的函数是 cv2.morphologyEx()。

(1) 函数说明：

```
opening = cv2.morphologyEx(img, cv2.MORPH_OPEN, kernel)
```

(2) 参数说明：

① img：表示输入的图像。

② cv2.MORPH_OPEN：指定形态学开运算操作。

③ kernel：滤波核的大小，是一个二元组(width，height)。

④ opening：返回的开运算后的图像。

实现开运算的代码如下：

```
import cv2
import numpy as np

img = cv2.imread('1668765522216.jpg')
gray = cv2.cvtColor(img, cv2.COLOR_BGR2GRAY)
image = cv2.resize(gray, (300, 300), cv2.INTER_LINEAR)
th3 = cv2.adaptiveThreshold(image, 255, cv2.ADAPTIVE_THRESH_GAUSSIAN_C, cv2.THRESH_
BINARY, 11, 2)
kernel = np.ones((3, 3), np.uint8)
opening = cv2.morphologyEx(th3, cv2.MORPH_OPEN, kernel)
cv2.imshow('Threshold Image', th3)
cv2.imshow('opening', opening)
```

```
cv2.waitKey()
cv2.destroyAllWindows()
```

代码解释如下：

(1) 导入 cv2 和 numpy 库。

(2) 使用 cv2.imread()函数加载名为 '1668765522216.jpg' 的图像文件，并将其存储在 img 变量中。

(3)使用 cv2.cvtColor()函数将彩色图像转换为灰度图像，传入 img 和 cv2.COLOR_BGR2GRAY 参数(表示将 BGR 格式的图像转换为灰度图像)，将转换后的灰度图像存储在 gray 变量中。

(4) 使用 cv2.resize()函数将灰度图像的大小调整为 300 × 300 像素，传入 gray、目标尺寸(300, 300)和 cv2.INTER_LINEAR 参数(表示使用线性插值方法进行图像大小调整)，将调整后的图像存储在 image 变量中。

(5) 使用 cv2.adaptiveThreshold()函数进行自适应阈值处理，传入 image、最大像素值 255、cv2.ADAPTIVE_THRESH_GAUSSIAN_C 参数(表示使用高斯加权平均计算阈值)、cv2.THRESH_BINARY 参数(表示将灰度图像进行二值化处理)、块大小 11 和常数 2，将阈值处理后的图像存储在 th3 变量中。

(6) 创建一个大小为(3, 3)的矩形结构元素(kernel)，该结构元素用于形态学操作。

(7) 使用 cv2.morphologyEx()函数进行开运算操作，传入 th3、cv2.MORPH_OPEN 和 kernel 参数，将开运算后的图像存储在 opening 变量中。

(8) 使用 cv2.imshow()函数显示两个图像窗口，包括阈值处理后的图像窗口('Threshold Image')和开运算后的图像窗口('opening')，结果如图 4-15 所示。

(9) 使用 cv2.waitKey()等待用户按下任意键，然后使用 cv2.destroyAllWindows()关闭所有图像窗口。

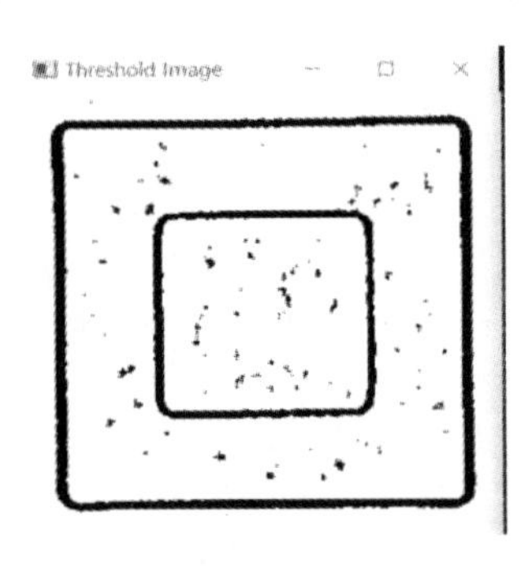

(a) 阈值处理后的图像

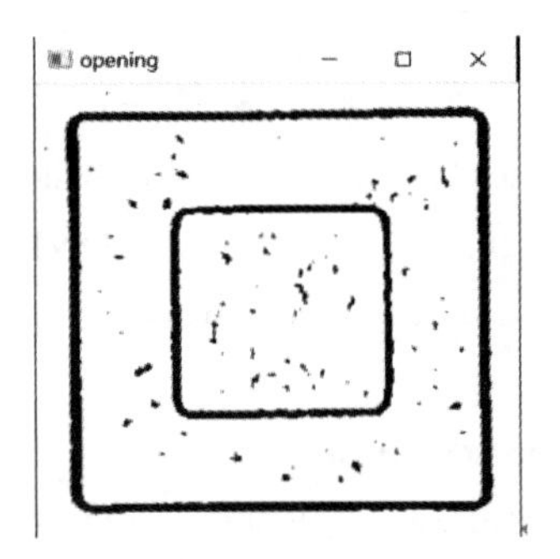

(b) 开运算后的图像

图 4-15 图像开运算结果图

4.5.6　闭运算

闭运算操作是对原始图像先进行膨胀操作，然后再进行腐蚀操作。

闭运算在深度学习中有广泛的应用，主要应用于以下方向：

(1) 去除图像中的小孔和空洞。在深度学习中，图像可能包含一些小孔和空洞，这可能会干扰图像处理和分析。通过应用闭运算，可以有效地填充和平滑这些小孔和空洞，使得图像更加连续和完整。

(2) 图像预处理。闭运算可以用于图像预处理。在某些图像处理任务中，先进行闭运算，可以使目标区域变得更加连续，去除一些细小的裂纹，便于后续的特征提取和分析。

(3) 图像分割。在图像分割任务中，闭运算可以用于连接相邻目标之间的连通区域。通过先膨胀再腐蚀，可以扩展目标区域的边缘，使得相邻目标区域在一定程度上连接在一起。

(4) 去除图像边缘噪声。通过先膨胀再腐蚀，可以消除边缘上的噪点，使图像边缘更加清晰和平滑。

(5) 图像增强。在图像增强任务中，闭运算可以用于对图像进行平滑和去噪，从而提高图像质量，帮助深度学习模型更好地学习和识别图像特征。

总的来说，图像闭运算在深度学习中是一种有用的图像处理技术，它可以用于去除图像中的小孔和空洞、图像预处理、图像分割、去除图像边缘噪声和图像增强等任务。通过膨胀和腐蚀操作的组合，闭运算还可以对图像的形态进行调整和优化，从而提高深度学习模型的性能和效果。

实现闭运算的函数是 cv2.morphologyEx()。

(1) 函数说明：

```
closing = cv2.morphologyEx(th3, cv2.MORPH_CLOSE, kernel)
```

(2) 参数说明：

① th3：表示输入的图像。

② cv2.MORPH_CLOSE：指定形态学闭运算操作。

③ kernel：滤波核的大小，是一个二元组(width，height)。

④ closing：返回的闭运算后的图像。

实现闭运算的代码如下：

```
import cv2
import numpy as np
```

```
img = cv2.imread('1668765522216.jpg')
gray = cv2.cvtColor(img, cv2.COLOR_BGR2GRAY)
image = cv2.resize(gray, (300, 300), cv2.INTER_LINEAR)
th3 = cv2.adaptiveThreshold(image, 255, cv2.ADAPTIVE_THRESH_GAUSSIAN_C, cv2.THRESH_
BINARY, 11, 2)
kernel = np.ones((3, 3), np.uint8)
closing = cv2.morphologyEx(th3, cv2.MORPH_CLOSE, kernel)
cv2.imshow('Threshold Image', th3)
cv2.imshow('closing', closing)
cv2.waitKey()
cv2.destroyAllWindows()
```

代码解释如下：

(1) 导入 cv2 和 numpy 库。

(2) 使用 cv2.imread()函数加载名为 '1668765522216.jpg' 的图像文件，并将其存储在 img 变量中。

(3) 使用 cv2.cvtColor()函数将彩色图像转换为灰度图像，传入 img 和 cv2.COLOR_BGR2GRAY 参数(表示将 BGR 格式的图像转换为灰度图像)，将转换后的灰度图像存储在 gray 变量中。

(4) 使用 cv2.resize()函数将灰度图像的大小调整为 300 × 300 像素，传入 gray、目标尺寸(300, 300)和 cv2.INTER_LINEAR 参数(表示使用线性插值方法进行图像大小调整)，将调整后的图像存储在 image 变量中。

(5) 使用 cv2.adaptiveThreshold()函数进行自适应阈值处理，传入 image、最大像素值 255、cv2.ADAPTIVE_THRESH_GAUSSIAN_C 参数(表示使用高斯加权平均计算阈值)、cv2.THRESH_BINARY 参数(表示将灰度图像进行二值化处理)、块大小 11 和常数 2，将阈值处理后的图像存储在 th3 变量中。

(6) 创建一个大小为(3, 3)的矩形结构元素(kernel)，该结构元素用于形态学操作。

(7) 使用 cv2.morphologyEx()函数进行闭运算操作，传入 th3、cv2.MORPH_CLOSE 和 kernel 参数，将闭运算后的图像存储在 closing 变量中。

(8) 使用 cv2.imshow()函数显示两个图像窗口，包括阈值处理后的图像窗口('Threshold Image')和闭运算后的图像窗口('closing')，结果如图 4-16 所示。

(9) 使用 cv2.waitKey()等待用户按下任意键，然后使用 cv2.destroyAllWindows()关闭所有图像窗口。

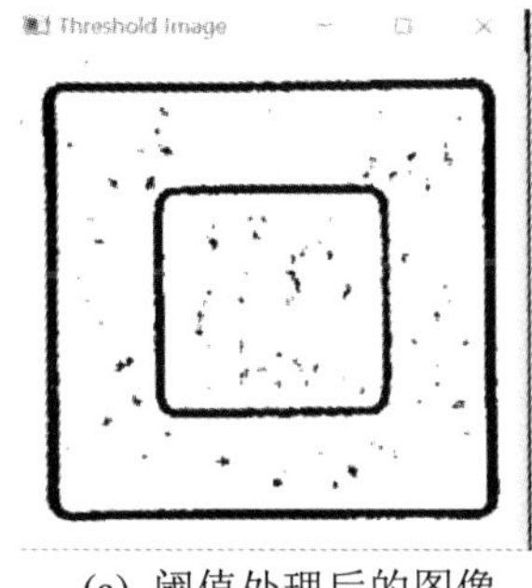

(a) 阈值处理后的图像

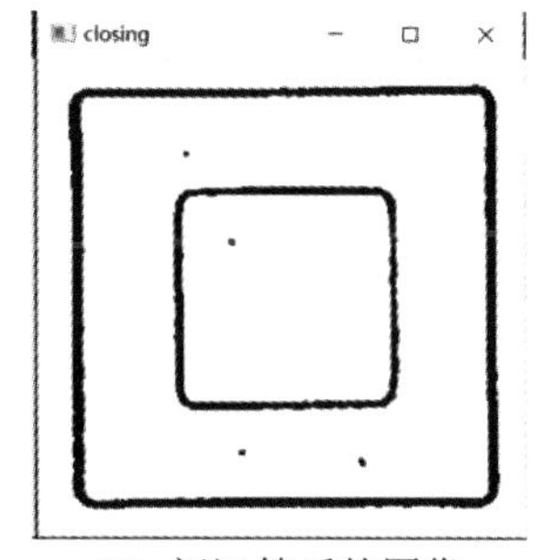

(b) 闭运算后的图像

图 4-16　图像闭运算结果图

4.5.7　梯度运算

梯度运算就是先分别对图像进行膨胀和腐蚀操作，然后用膨胀后的图像减去腐蚀后的图像。

梯度运算在深度学习中有广泛的应用，主要应用于以下方向：

(1) 边缘检测。在深度学习中，边缘检测是一种常见的图像处理任务，用于检测图像中物体和背景之间的边界。通过计算图像的梯度，可以找到图像中像素灰度变化最剧烈的地方，从而定位边缘位置。

(2) 特征提取。在深度学习中，梯度运算可以用于提取图像的纹理和结构特征。梯度图像包含了图像中不同方向的灰度变化信息，可以用于描述图像的纹理信息。

(3) 图像分割。在图像分割任务中，梯度运算可以用于辅助目标区域和背景区域的分离。通过计算图像梯度，可以找到目标区域和背景区域之间的边界，从而实现图像的分割。

(4) 物体识别。在深度学习的物体识别任务中，梯度运算可以用于提取图像中的关键特征，从而帮助深度学习模型更好地识别物体并进行分类。

(5) 图像增强。在一些图像增强任务中，梯度运算可以用于增强图像的对比度和清晰度，从而提高图像质量，帮助深度学习模型更好地学习和识别图像特征。

总的来说，图像梯度运算在深度学习中是一种重要的图像处理技术，它可以用于边缘检测、特征提取、图像分割、物体识别和图像增强等任务。通过计算图像的梯度，可以获得图像中像素灰度变化的信息，帮助深度学习模型更好地理解和处理图像。

实现梯度运算的函数是 cv2.morphologyEx()。

(1) 函数说明：

```
gradient = cv2.morphologyEx(th3, cv2.MORPH_GRADIENT, kernel)
```

(2) 参数说明：

① th3：表示输入的图像。

② cv2.MORPH_ GRADIENT：指定形态学梯度运算操作。

③ kernel：滤波核的大小，是一个二元组(width，height)。

④ gradient：返回的梯度运算后的图像。

实现梯度运算的代码具体如下：

```
import cv2
import numpy as np

img = cv2.imread('1668765522216.jpg')
gray = cv2.cvtColor(img, cv2.COLOR_BGR2GRAY)
image = cv2.resize(gray, (300, 300), cv2.INTER_LINEAR)
th3 = cv2.adaptiveThreshold(image, 255, cv2.ADAPTIVE_THRESH_GAUSSIAN_C, cv2.THRESH_
BINARY, 11, 2)
kernel = np.ones((3, 3), np.uint8)
dilate = cv2.dilate(th3, kernel, iterations=1)
erosion = cv2.erode(th3, kernel, iterations=1)
gradient = cv2.morphologyEx(th3, cv2.MORPH_GRADIENT, kernel)
cv2.imshow('Threshold Image', th3)
cv2.imshow('dilate', dilate)
cv2.imshow('erosion', erosion)
cv2.imshow('gradient', gradient)
cv2.waitKey()
cv2.destroyAllWindows()
```

代码解释如下：

(1) 导入 cv2 和 numpy 库。

(2) 使用 cv2.imread()函数读取名为 '1668765522216.jpg' 的图像文件，并将其存储在变量 img 中。

(3) 使用 cv2.cvtColor()函数将彩色图像 img 转换为灰度图像，并将结果存储在变量 gray 中。

(4) 使用 cv2.resize()函数将灰度图像 gray 调整为 300 × 300 的大小，并将结果存储在变量 image 中。

(5) 使用 cv2.adaptiveThreshold()函数，根据图像的局部区域自适应地确定阈值，并将结果存储在变量 th3 中。这里使用的是高斯自适应阈值方法。

(6) 使用 np.ones()创建一个 3 × 3 的全 1 矩阵，作为后续形态学操作的内核。

(7) 使用 cv2.dilate()函数对 th3 图像进行膨胀操作，并将结果存储在变量 dilate 中。

(8) 使用 cv2.erode()函数对 th3 图像进行腐蚀操作，并将结果存储在变量 erosion 中。

(9) 使用 cv2.morphologyEx()函数计算 th3 图像的梯度，并将结果存储在变量 gradient 中。

(10) 使用 cv2.imshow()函数将阈值处理后的图像 th3 显示在窗口中，并设置窗口标题为'Threshold Image'，如图 4-17(a)所示。

(11) 使用 cv2.imshow()函数将膨胀后的图像 dilate 显示在窗口中，并设置窗口标题为'dilate'，如图 4-17(b)所示。

(12) 使用 cv2.imshow()函数将腐蚀后的图像 erosion 显示在窗口中，并设置窗口标题为'erosion'，如图 4-17(c)所示。

(13) 使用 cv2.imshow()函数将梯度图像 gradient 显示在窗口中，并设置窗口标题为'gradient'，如图 4-17(d)所示。

(14) 使用 cv2.waitKey()函数，等待用户按下任意键，然后继续执行。

(15) 使用 cv2.destroyAllWindows()函数，关闭所有通过 cv2.imshow()打开的窗口。

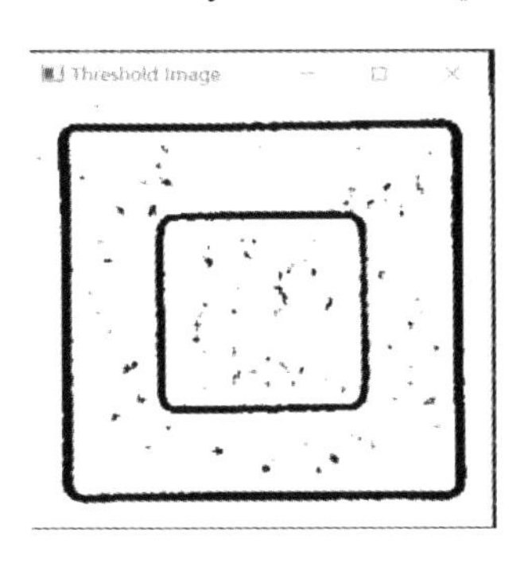

(a) 阈值处理后的图像

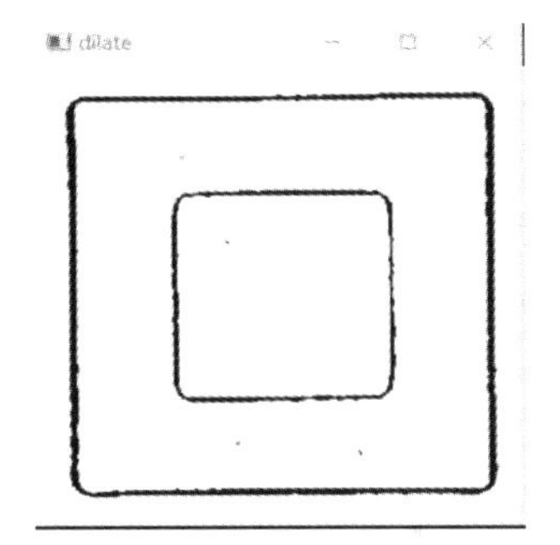

(b) 膨胀后的图像

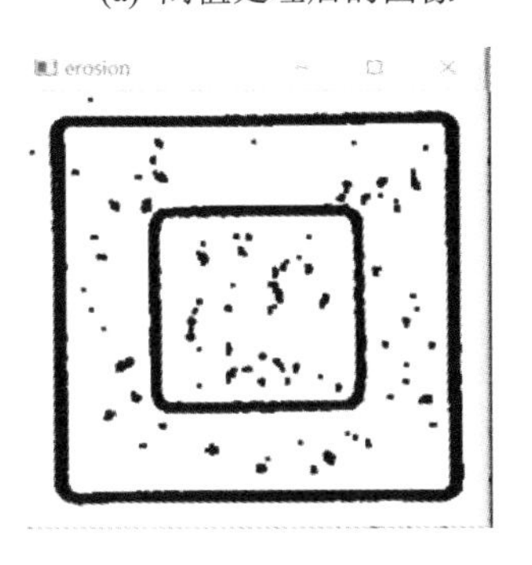

(c) 腐蚀后的图像

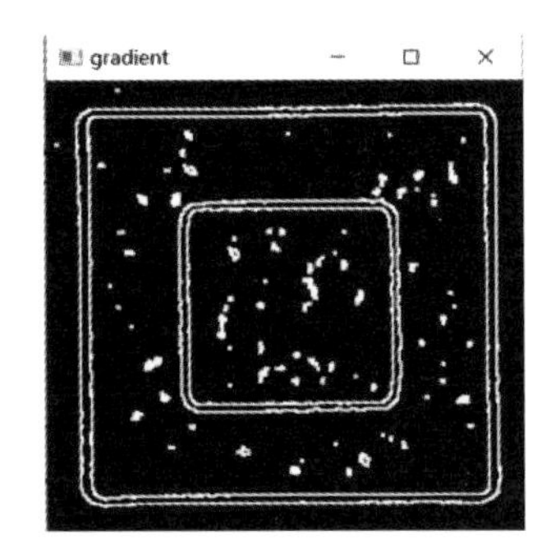

(d) 梯度图像

图 4-17 图像梯度运算结果图

4.5.8 礼帽运算

礼帽运算就是先对图像进行开运算，然后用原始图像减去开运算之后的图像。

礼帽运算在深度学习中有广泛的应用，主要应用于以下方向：

(1) 物体检测。在一些目标检测任务中，礼帽运算可以用于强调目标的边缘和细节，使得目标在图像中更加明显，从而提高物体检测的准确性和稳定性。

(2) 特征提取。在图像特征提取任务中，礼帽运算可以用于突出图像中的细节和纹理信息，从而提高深度学习模型对于图像特征的感知和学习能力。

(3) 图像增强。在图像增强任务中，礼帽运算可以用于增强图像中的边缘和细节，使得图像更加清晰和具有更多的纹理信息。

(4) 图像分割。在图像分割任务中，礼帽运算可以用于区分目标和背景之间的细微差异，从而辅助分割算法更好地识别目标区域。

总的来说，图像礼帽运算在深度学习中是一种有用的图像处理技术，它可以用于物体检测、特征提取、图像增强和图像分割等任务。通过提取图像中的细节信息，图像礼帽运算可以提高深度学习模型对于图像内容的理解和处理能力。

实现礼帽运算的函数是 cv2.morphologyEx()。

(1) 函数说明：

```
tophat = cv2.morphologyEx(th3, cv2.MORPH_TOPHAT, kernel)
```

(2) 参数说明：

① th3：表示输入的图像。

② cv2.MORPH_TOPHAT：指定形态学礼帽运算操作。

③ kernel：滤波核的大小，是一个二元组(width，height)。

④ tophat：返回的礼帽运算后的图像。

实现礼帽运算的代码如下：

```
import cv2
import numpy as np

img = cv2.imread('1668765522216.jpg')
gray = cv2.cvtColor(img, cv2.COLOR_BGR2GRAY)
image = cv2.resize(gray, (300, 300), cv2.INTER_LINEAR)
th3 = cv2.adaptiveThreshold(image, 255, cv2.ADAPTIVE_THRESH_GAUSSIAN_C, cv2.THRESH_
BINARY, 11, 2)
kernel = np.ones((3, 3), np.uint8)
```

```
tophat = cv2.morphologyEx(th3, cv2.MORPH_TOPHAT, kernel)
cv2.imshow('Threshold Image', th3)
cv2.imshow('tophat', tophat)
cv2.waitKey()
cv2.destroyAllWindows()
```

代码解释如下：

(1) 导入 cv2 和 numpy 库。

(2) 使用 cv2.imread()函数读取名为'1668765522216.jpg'的图像文件，并将其存储在变量 img 中。

(3) 使用 cv2.cvtColor()函数将 img 转换为灰度图像，并将结果存储在变量 gray 中。

(4) 使用 cv2.resize()函数将 gray 图像调整为 300 × 300 的大小，并将结果存储在变量 image 中。

(5) 使用 cv2.adaptiveThreshold()函数，根据图像的局部区域自适应地确定阈值，并将结果存储在变量 th3 中。这里使用的是高斯自适应阈值方法。

(6) 使用 np.ones()创建一个 3 × 3 的全 1 矩阵，作为后续形态学操作的内核。

(7) 使用 cv2.morphologyEx()函数对 th3 图像进行礼帽操作，并将结果存储在变量 tophat 中。礼帽操作可以有效分离出比周围亮的物体或区域，比如纹理信息。

(8) 使用 cv2.imshow()函数将阈值处理后的图像 th3 显示在窗口中，并设置窗口标题为'Threshold Image'，如图 4-18(a)所示。

(9) 使用 cv2.imshow()函数将礼帽操作后的图像 tophat 显示在窗口中，并设置窗口标题为'tophat'，如图 4-18(b)所示。

(10) 使用 cv2.waitKey()函数，等待用户按下任意键，然后继续执行。

(11) 使用 cv2.destroyAllWindows()函数，关闭所有通过 cv2.imshow()打开的窗口。

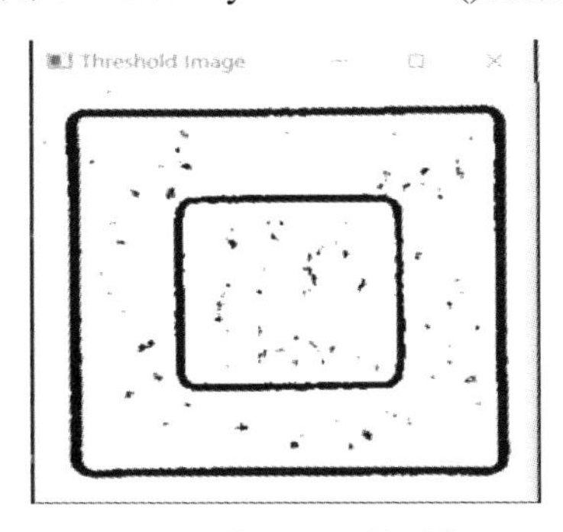

(a) 阈值处理后的图像

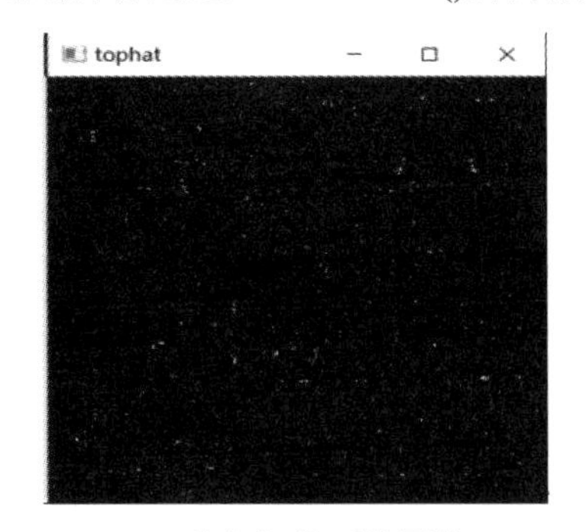

(b) 礼帽操作后的图像

图 4-18　图像礼帽运算结果图

4.5.9　黑帽运算

黑帽运算就是先对图像进行闭运算，然后用闭运算之后的图像减去原始图像。

黑帽运算在深度学习中有广泛的应用，主要应用于以下方向：

(1) 物体检测。在一些目标检测任务中，黑帽运算可以用于强调目标的边缘和细节，使得目标在图像中更加明显，从而提高物体检测的准确性和稳定性。

(2) 特征提取。在图像特征提取任务中，黑帽运算可以用于突出图像中的细节和纹理信息，从而提高深度学习模型对于图像特征的感知和学习能力。

(3) 图像增强。在图像增强任务中，黑帽运算可以用于增强图像中的边缘和细节，使图像更加清晰和具有更多的纹理信息。

(4) 图像分割。在图像分割任务中，黑帽运算可以用于区分目标和背景之间的细微差异，从而辅助分割算法更好地识别目标区域。

总的来说，黑帽运算在深度学习中是一种有用的图像处理技术，它可以用于物体检测、特征提取、图像增强和图像分割等任务。通过强调图像中的细节信息，黑帽运算可以提高深度学习模型对于图像内容的理解和处理能力。

实现图像黑帽运算的函数为 cv2.morphologyEx()。

(1) 函数说明：

```
tophat = cv2.morphologyEx(th3, cv2.MORPH_BLACKHAT, kernel)
```

(2) 参数说明：

① th3：表示输入的图像。

② cv2.MORPH_BLACKHAT：指定形态学黑帽运算操作。

③ kernel：滤波核的大小，是一个二元组(width，height)。

④ tophat：返回的黑帽运算后的图像。

实现黑帽运算的代码如下：

```
import cv2
import numpy as np


img = cv2.imread('1668765522216.jpg')
gray = cv2.cvtColor(img, cv2.COLOR_BGR2GRAY)
image = cv2.resize(gray, (300, 300), cv2.INTER_LINEAR)
th3 = cv2.adaptiveThreshold(image, 255, cv2.ADAPTIVE_THRESH_GAUSSIAN_C, cv2.THRESH_
BINARY, 11, 2)
kernel = np.ones((3, 3), np.uint8)
```

```
blackhat = cv2.morphologyEx(th3, cv2.MORPH_BLACKHAT, kernel)
cv2.imshow('Threshold Image', th3)
cv2.imshow('blackhat', blackhat)
cv2.waitKey()
cv2.destroyAllWindows()
```

代码解释如下：

(1) 导入 cv2 和 numpy 库。

(2) 使用 cv2.imread()函数读取名为 '1668765522216.jpg' 的图像文件，并将其存储在变量 img 中。

(3) 使用 cv2.cvtColor()函数将 img 转换为灰度图像，并将结果存储在变量 gray 中。

(4) 使用 cv2.resize()函数将 gray 图像调整为 300 × 300 的大小，并将结果存储在变量 image 中。

(5) 使用 cv2.adaptiveThreshold()函数，根据图像的局部区域自适应地确定阈值，并将结果存储在变量 th3 中。这里使用的是高斯自适应阈值方法。

(6) 使用 np.ones()创建一个 3 × 3 的全 1 矩阵，作为后续形态学操作的内核。

(7) 使用 cv2.morphologyEx()函数对 th3 图像进行黑帽操作，并将结果存储在变量 blackhat 中。黑帽操作可以提取出图像中的暗部细节。

(8) 使用 cv2.imshow()函数将阈值处理后的图像 th3 显示在窗口中，并设置窗口标题为 'Threshold Image'，如图 4-19(a)所示。

(9) 使用 cv2.imshow()函数将黑帽操作后的图像 blackhat 显示在窗口中，并设置窗口标题为'blackhat'，如图 4-19(b)所示。

(10) 使用 cv2.waitKey()函数，等待用户按下任意键，然后继续执行。

(11) 使用 cv2.destroyAllWindows()函数，关闭所有通过 cv2.imshow()打开的窗口。

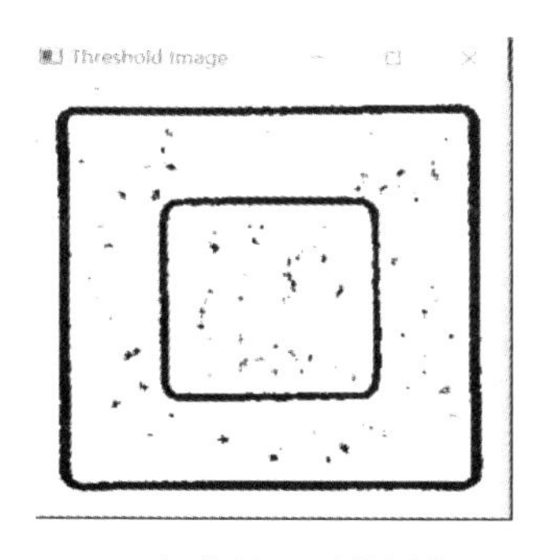

(a) 阈值处理后的图像

(b) 黑帽操作后的图像

图 4-19 图像黑帽运算结果图

4.6 图像平滑处理

4.6.1 均值滤波

对输入图像进行均值滤波时，首先要考虑的是对当前像素点的周围的一块区域内的所有像素求平均值，该平均值即为当前像素点的新值。

均值滤波在深度学习中有广泛的应用，主要应用于以下方向：

(1) 图像预处理。在深度学习模型训练之前，常常会对图像进行预处理。均值滤波可以用于去除图像中的噪声和细微的纹理信息，从而减少模型在训练时对噪声的敏感性，使得模型更加稳定和可靠。

(2) 图像增强。在一些图像增强任务中，均值滤波可以用于平滑图像，使得图像更加清晰和柔和。这在一些特定的应用场景(如医学图像处理、人脸识别等)中，可以提供更好的视觉效果。

(3) 特征提取。在一些特定的深度学习模型中，均值滤波可以作为一种特征提取手段，用于减少图像中的高频细节信息，从而更集中地关注图像的整体结构和特征。

实现均值滤波的函数是 cv2.blur()。

(1) 函数说明：

```
dst = cv2.blur(src, ksize, anchor, borderType)
```

(2) 参数说明：

① src：输入的 OpenCV 图像，本质上是一个像素矩阵。

② ksize：滤波核的大小，是一个二元组(width，height)。

③ anchor：锚点，其默认值是(−1, −1)，表示当前计算均值的点位于核的中心点位置。该值使用默认值即可，在特殊情况下可以指定不同的点作为锚点。

④ borderType：边界样式，该值决定了以何种方式处理边界。一般情况下不需要考虑该值的取值，直接采用默认值即可。

(3) 注意事项：

① 对于均值滤波函数，锚点 anchor 和边界样式 borderType 直接采用默认值即可。

② 通常卷积核越大，去噪的效果会越好，但是过大的卷积核意味着参与到均值运算中的像素就会越多，这样会导致计算时间变得相对较长，也会导致图像失真比较严重。因此，在使用均值滤波函数时，要根据任务需求，在失真和去噪效果之间权衡，选取大小合适的

卷积核。

实现均值滤波的代码如下：

```
import cv2


images = cv2.imread('image.jpg', cv2.IMREAD_COLOR)
images = cv2.resize(images, (300, 300))
blur = cv2.blur(images, (3, 3))
cv2.imshow('image.jpg', images)
cv2.imshow('blur.jpg', blur)
cv2.waitKey(0)
cv2.destroyAllWindows()
```

代码解释如下：

(1) 导入 OpenCV 库，用于图像处理和计算机视觉任务。

(2) 使用 cv2.imread()函数读取名为 'image.jpg' 的彩色图像文件，并将其存储在变量 images 中，cv2.IMREAD_COLOR 参数表示以彩色模式加载图像。

(3) 使用 cv2.resize()函数将 images 图像调整为 300 × 300 的大小。

(4) 使用 cv2.blur()函数对 images 图像进行模糊处理，并将结果存储在变量 blur 中。这里使用的是均值模糊，采用 3 × 3 的模糊核。

(5) 使用 cv2.imshow()函数将原始图像 images 显示在窗口中，窗口的标题为 'image.jpg'，如图 4-20(a)所示。

(6) 使用 cv2.imshow()函数将模糊后的图像 blur 显示在窗口中，窗口的标题为 'blur.jpg'，如图 4-20(b)所示。

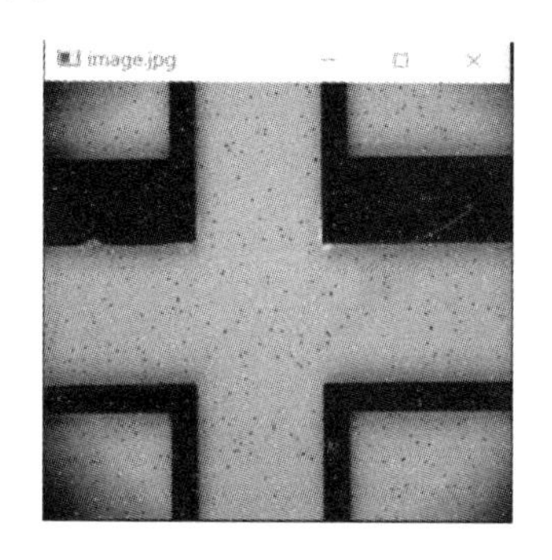

(a) 原始图像

(b) 均值滤波后的图像

图 4-20　图像均值滤波运算结果图

(7) 使用 cv2.waitKey()函数，等待用户按下任意键，然后继续执行。参数 0 表示无限等待用户按键。

(8) 使用 cv2.destroyAllWindows()函数，关闭所有通过 cv2.imshow()打开的窗口。

4.6.2　方框滤波

方框滤波根据给定参数 normalize 的不同，有不同的效果。当 normalize 为 True 时，其效果是和均值滤波类似的；当 normalize 为 False 时，是不进行归一化的，即以当前像素为中心，长宽为滤波核大小的区域内的像素值之和，如果大于 255，则当前像素的新值为 255，否则为当前求得的和。

方框滤波在深度学习中有广泛的应用，主要应用于以下方向：

(1) 图像预处理。方框滤波可以用于深度学习模型训练之前的图像预处理。通过对图像进行方框滤波，可以去除图像中的噪声和细微的纹理信息，使得模型更加稳定，鲁棒性更强。

(2) 图像增强。在一些图像增强任务中，方框滤波可以用于平滑图像，使得图像更加柔和和清晰。这对于一些特定的应用场景，如人脸识别、图像分类等，可以提供更好的视觉效果。

(3) 特征提取。在某些情况下，方框滤波可以作为一种特征提取手段，用于减少图像中的高频细节信息，从而更集中地关注图像的整体结构和特征。

(4) 图像融合。方框滤波也可以用于图像融合任务，将不同图像或图像的不同通道进行平均处理，从而得到融合后的图像。

实现方框滤波的函数是 boxFilter()。

(1) 函数说明：

```
dst = boxFilter(src, ddepth, ksize, dst = None, anchor = None, normalize = None, borderType = None)
```

(2) 参数说明：

① src：输入的 OpenCV 图像，本质上是一个像素矩阵。

② ddepth：输出图像的深度，一般取 -1，-1 表示输出图像与输入图像的深度一样。

③ ksize：滤波核的大小，是一个二元组(width，height)。

④ anchor：锚点，默认值是(-1, -1)，表示当前计算均值的点位于核的中心点位置。

⑤ normalize：当值为 True 时进行归一化，否则不进行归一化。

⑥ borderType：边界样式，该值决定了以何种方式处理边界，一般取默认值。

实现方框滤波的代码如下：

```
import cv2


images = cv2.imread('image.jpg', cv2.IMREAD_COLOR)
```

```
images = cv2.resize(images, (300, 300))
boxFilter = cv2.boxFilter(images, -1, (3, 3), normalize = True)
cv2.imshow('image.jpg', images)
cv2.imshow('boxFilter.jpg', boxFilter)
cv2.waitKey(0)
cv2.destroyAllWindows()
```

代码解释如下：

(1) 导入 OpenCV 库，用于图像处理和计算机视觉任务。

(2) 使用 cv2.imread()函数读取名为 'image.jpg' 的彩色图像文件，并将其存储在变量 images 中，cv2.IMREAD_COLOR 参数表示以彩色模式加载图像。

(3) 使用 cv2.resize()函数将 images 图像调整为 300 × 300 的大小。

(4) 使用 cv2.boxFilter()函数对 images 图像进行方框滤波，并将结果存储在变量 boxFilter 中。这里采用 3 × 3 的方框核，并设置 normalize = True 以对滤波结果进行归一化。

(5) 使用 cv2.imshow()函数将原始图像 images 显示在窗口中，窗口的标题为 'image.jpg'，如图 4-21(a)所示。

(6) 使用 cv2.imshow()函数将方框滤波后的图像 boxFilter 显示在窗口中，窗口的标题为 'boxFilter.jpg'，如图 4-21(b)所示。

(7) 使用 cv2.waitKey()函数，等待用户按下任意键，然后继续执行。参数 0 表示无限等待用户按键。

(8) 使用 cv2.destroyAllWindows()函数，关闭所有通过 cv2.imshow()打开的窗口。

(a) 原始图像

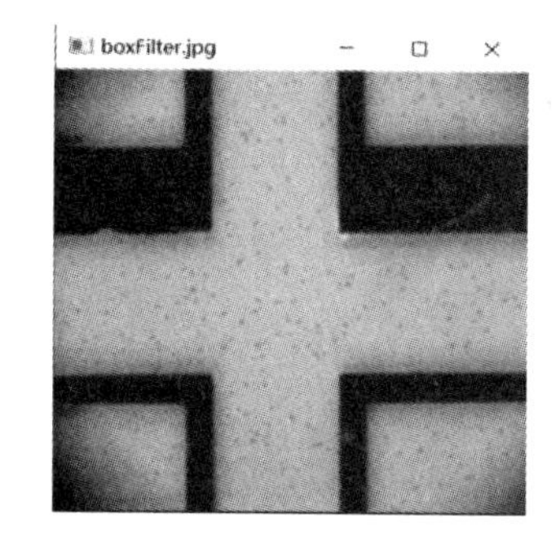

(b) 方框滤波后的图像

图 4-21　图像方框滤波运算结果图

4.6.3 高斯滤波

图像高斯滤波是一种线性平均滤波，常用于图像平滑。高斯滤波的做法是对滤波核的

不同位置分配不同的权值，且越靠近中心的像素被分配的权值越大。高斯滤波提出的目的是解决均值滤波和方框滤波等简单的局部平均法的缺点。

高斯滤波在深度学习中有广泛的应用，主要应用于以下方向：

(1) 图像预处理。高斯滤波是深度学习模型训练前的一种重要的图像预处理步骤。通过对图像进行高斯滤波，可以去除图像中的高频噪声和细节，使得模型在训练过程中更加稳定，鲁棒性更强。

(2) 图像增强。在一些图像增强任务中，高斯滤波可以用于平滑图像，使得图像更加柔和和清晰。这在一些特定的应用场景(如医学图像处理、人脸识别等)中，可以提供更好的视觉效果。

(3) 特征提取。在一些图像处理任务中，高斯滤波可以作为一种特征提取手段，用于减少图像中的高频细节信息，从而更集中地关注图像的整体结构和特征。

(4) 图像融合。高斯滤波也可以用于图像融合任务，将不同图像或图像的不同通道进行平滑处理，从而得到融合后的图像。

(5) 边缘检测。在一些边缘检测任务中，高斯滤波可以用于对图像进行平滑处理，去除噪声和细节，使得边缘检测算法更加准确和稳定。

实现高斯滤波的函数是 cv2.GaussianBlur()。

(1) 函数说明：

```
dst = cv2.GaussianBlur(src, ksize, sigmaX, sigmaY)
```

(2) 参数说明：

① src：输入的 OpenCV 图像，本质上是一个像素矩阵。

② ksize：滤波核(高斯核)的大小，是一个二元组(width，height)。

③ sigmaX, sigmaY：X、Y 方向上的高斯核的标准差。

实现高斯滤波的代码如下：

```
import matplotlib.pyplot as plt
import cv2

image = cv2.imread('image.jpg')
img_ret1 = cv2.GaussianBlur(image, (3, 3), 0)
img_ret2 = cv2.GaussianBlur(image, (5, 5), 0)
img_ret3 = cv2.GaussianBlur(image, (11, 11), 0)

# 显示图像
fig, ax = plt.subplots(2, 2)
```

```
ax[0, 0].set_title('origin')
ax[0, 0].imshow(cv2.cvtColor(image, cv2.COLOR_BGR2RGB))  # Matplotlib 显示图像为 rgb 格式
ax[0, 1].set_title('GaussianBlur ksize=3')
ax[0, 1].imshow(cv2.cvtColor(img_ret1, cv2.COLOR_BGR2RGB))
ax[1, 0].set_title('GaussianBlur ksize=5')
ax[1, 0].imshow(cv2.cvtColor(img_ret2, cv2.COLOR_BGR2RGB))
ax[1, 1].set_title('GaussianBlur ksize=11')
ax[1, 1].imshow(cv2.cvtColor(img_ret3, cv2.COLOR_BGR2RGB))
ax[0, 0].axis('off')
ax[0, 1].axis('off')
ax[1, 0].axis('off')
ax[1, 1].axis('off')  # 关闭坐标轴显示
plt.show()
```

代码解释如下：

(1) 导入 Matplotlib 库，用于图像显示和绘图。

(2) 导入 OpenCV 库，用于图像处理和计算机视觉任务。

(3) 使用 cv2.imread()函数读取名为 'image.jpg' 的图像文件，并将其存储在变量 image 中。

(4) 使用 cv2.GaussianBlur()函数对图像进行模糊处理，并将结果存储在变量 img_ret1 中。这里使用 3 × 3 的高斯核。

(5) 使用 cv2.GaussianBlur()函数对图像进行模糊处理，并将结果存储在变量 img_ret2 中。这里使用 5 × 5 的高斯核。

(6) 使用 cv2.GaussianBlur()函数对图像进行模糊处理，并将结果存储在变量 img_ret3 中。这里使用 11 × 11 的高斯核。

(7) 创建子图并显示图像，如图 4-22 所示。这里使用 plt.show()函数，将图像子图显示在 Matplotlib 窗口中。

(a) origin

(b) GaussianBlur ksize = 3

(c) GaussianBlur ksize = 5　　(d) GaussianBlur ksize = 11

图 4-22 图像高斯滤波运算结果图

4.6.4 中值滤波

均值滤波、方框滤波、高斯滤波都是线性滤波方式，本质上都是通过一个范围内像素值的加权平均来处理图像的，在计算当前中心的像素时，会将噪声计算在内，以一种比较柔和的方式去除噪声。而中值滤波是一种非线性滤波方式，取的是滤波核内的中值作为当前像素的新值。

中值滤波在深度学习中有广泛的应用，主要应用于以下方向：

(1) 图像去噪。中值滤波是一种有效的图像去噪方法。它可以有效地去除图像中的椒盐噪声，使得图像更加清晰和可靠。在深度学习中，图像去噪是非常重要的预处理步骤，因为噪声可能会干扰模型的训练和性能。

(2) 边缘保留。相比于线性滤波，中值滤波能够较好地保留图像中的边缘信息。这对于一些特定的图像处理任务，如边缘检测、轮廓提取等，可以提供更好的边缘检测结果。

(3) 图像增强。在一些图像增强任务中，中值滤波可以用于去除图像中的噪声和细节，从而实现图像的平滑处理，提高图像的质量。

(4) 图像修复。中值滤波可以用于修复受损或缺失的图像。通过计算像素周围邻域像素值的中值，可以用较为合理的值来填充受损的像素，从而实现图像的修复。

实现中值滤波的函数是 cv2.medianBlur()。

(1) 函数说明：

```
Dst = cv2.medianBlur(src, ksize)
```

(2) 参数说明：

① src：输入的 OpenCV 图像，本质上是一个像素矩阵。

② ksize：中值滤波核的大小，其大小必须是比 1 大的奇数，比如 3、5、7 等。

(3) 注意事项：

中值滤波相对于其他滤波方式来说效果是比较好的，将非线性带入图像平滑中，但是当核取得过大时，也会将图像模糊化。

实现中值滤波的代码如下：

```
import cv2


image = cv2.imread('image.jpg', cv2.IMREAD_COLOR)
medium = cv2.medianBlur(image, 3)
cv2.imshow('image.jpg', image)
cv2.imshow('medium.jpg', medium)
cv2.waitKey(0)
cv2.destroyAllWindows()
```

代码解释如下：

(1) 导入 OpenCV 库，用于图像处理和计算机视觉任务。

(2) 使用 cv2.imread()函数读取名为 'image.jpg' 的彩色图像文件，并将其存储在变量 image 中，cv2.IMREAD_COLOR 参数表示以彩色模式加载图像。

(3) 使用 cv2.medianBlur()函数对 image 图像进行中值滤波处理，并将结果存储在变量 medium 中。这里使用的中值滤波核的大小为 3 × 3。

(4) 使用 cv2.imshow()函数将原始图像 image 显示在窗口中，窗口的标题为 'image.jpg'，如图 4-23(a)所示。

(5) 使用 cv2.imshow()函数将中值滤波后的图像 medium 显示在窗口中，窗口的标题为 'medium.jpg'，如图 4-23(b)所示。

(6) 使用 cv2.waitKey()函数，等待用户按下任意键，然后继续执行。参数 0 表示无限等待用户按键。

(7) 使用 cv2.destroyAllWindows()函数，关闭所有通过 cv2.imshow()打开的窗口。

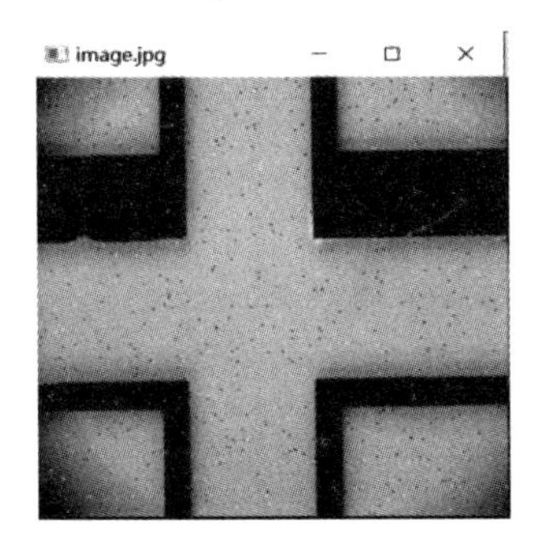

(a) 原始图像

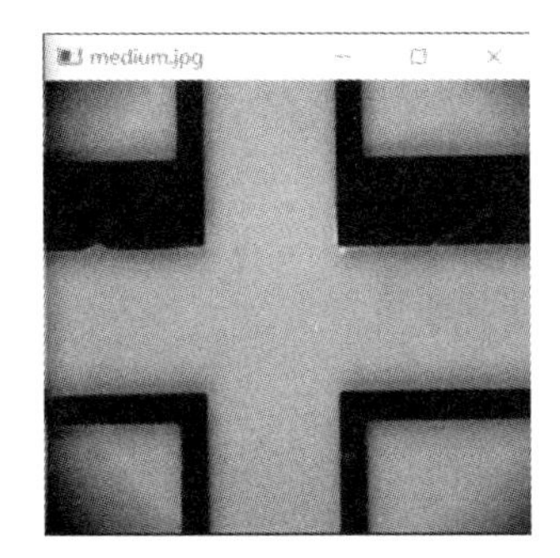

(b) 中值滤波后的图像

图 4-23　图像中值滤波运算结果图

4.7　实例——芯片外观参数的测量

本实例采用了基于 OpenCV 的关键尺寸测量方法的核心算法，涉及多个图像处理步骤，用于对图像进行预处理和特征提取。

具体流程如下：

(1) 图像读取和灰度化。从图像中读取数据，并将其转换为灰度图像，以便后续处理。

(2) 图像尺寸调整。对灰度图像进行尺寸调整，将其调整到固定大小，以便在后续处理中保持一致性。

(3) 图像平滑处理。使用中值滤波技术对灰度图像进行平滑处理，以消除图像上的噪声，获取增强图像，提高后续处理的准确性。

(4) 自适应阈值计算。计算自适应阈值，得到图像的初始轮廓图，用于下一步的形态学处理。

(5) 形态学膨胀操作。对轮廓图进行形态学膨胀操作，得到膨胀后的图像，强化图像边缘信息，为后续边缘检测做准备。

(6) Canny 边缘检测。利用 Canny 算法，得到边缘图像，用于寻找图像中的轮廓。

(7) 寻找轮廓。通过 findContours 操作寻找图像中的轮廓，用于后续步骤的面积计算和重心定位。

(8) 计算轮廓面积。计算找到的轮廓的面积，用于确定最大连通区域，即关键尺寸测量的目标。

(9) 计算图像重心。利用 cv2.moments()函数，将计算得到的轮廓的矩以字典的形式返回，从中得到关键尺寸的重心坐标。

(10) 得出最终结果。根据得到的字典值，获取关键尺寸的重心坐标作为最终的结果，完成关键尺寸测量任务。

具体代码如下：

```
import numpy as np
import cv2


def centroid(max_contour):
    moment = cv2.moments(max_contour)
    if moment['m00'] != 0:
```

```
            cx = int(moment['m10'] / moment['m00'])
            cy = int(moment['m01'] / moment['m00'])
            return cx, cy
        else:
            return None
img = cv2.imread('1668765522216.jpg')
gray = cv2.cvtColor(img, cv2.COLOR_BGR2GRAY)        #灰度化
th3 = cv2.adaptiveThreshold(gray, 255, cv2.ADAPTIVE_THRESH_GAUSSIAN_C, cv2.THRESH_
BINARY, 11, 2)
kernel = np.ones((3, 3), np.uint8)
dilate = cv2.dilate(th3, kernel, iterations=1)
cv2.imshow('dilate.jpg',dilate)
contours, hierarchy = cv2.findContours(dilate, cv2.RETR_EXTERNAL, cv2.CHAIN_APPROX_SIMPLE)
print('number of contours:%d' % len(contours))
# 找到最大区域并填充
area = [ ]
for i in range(len(contours)):
    area.append(cv2.contourArea(contours[i]))
max_idx = np.argmax(area)
# 求最大连通域的中心坐标
cnt_centroid = centroid(contours[max_idx])
print('中心坐标: ' + str(cnt_centroid))                # 中心坐标: (150, 148)
cv2.waitKey()
cv2.destroyAllWindows()
```

这段代码完成了对图像中心坐标的计算。代码解释如下：

(1) 导入了 numpy 和 cv2 库，分别用于数值计算和图像处理操作。

(2) 定义了 centroid()函数，用于计算给定轮廓的中心坐标。该函数使用 OpenCV 中的 cv2.moments()函数计算轮廓的矩，然后根据矩的计算公式求得中心坐标。如果轮廓的面积为 0，则返回 None。

(3) 读取图像。使用 cv2.imread()函数读取名为 '1668765522216.jpg' 的图像文件，并将其存储在变量 img 中。

(4) 灰度化。使用 cv2.cvtColor()函数将 img 转换为灰度图像，并将结果存储在变量 gray 中。

(5) 自适应阈值处理。使用 cv2.adaptiveThreshold()函数对灰度图像 gray 进行自适应阈值处理，将图像二值化，并将结果存储在变量 th3 中。

(6) 膨胀操作。使用 np.ones()函数创建一个 3 × 3 的全 1 矩阵并将其作为卷积核，然后使用 cv2.dilate()函数对二值化图像 th3 进行膨胀操作，将图像中的白色区域扩展，将结果存储在变量 dilate 中。

(7) 寻找轮廓。使用 cv2.findContours()函数在膨胀后的图像 dilate 中寻找轮廓，参数 cv2.RETR_EXTERNAL 和 cv2.CHAIN_APPROX_SIMPLE 共同决定函数使用简单的轮廓近似方法并只寻找外部轮廓，最终函数返回轮廓和层级信息，并将它们分别存储在变量 contours 和 hierarchy 中。

(8) 计算轮廓数量。获取 contours 列表的长度，使用 len(contours)来计算轮廓的数量，并打印输出。

(9) 求最大轮廓的中心坐标。计算每个轮廓的面积，将面积存储在列表 area 中。然后使用 np.argmax()函数找到列表中面积最大的索引值，以获取最大的轮廓索引 max_idx。接下来调用 centroid()函数计算最大轮廓的中心坐标，并将结果存储在 cnt_centroid 变量中。

(10) 打印中心坐标并等待。将计算得到的最大轮廓的中心坐标打印输出。最后调用 cv2.waitKey()等待用户按下任意键。

(11) 关闭窗口。调用 cv2.destroyAllWindows()函数关闭所有图像窗口。

其中心图如图 4-24 所示。

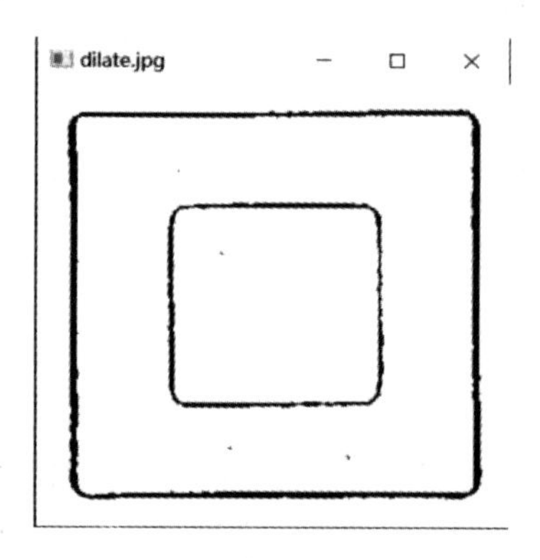

图 4-24　实验结果图

第 5 章
图像数据生成(以 DCGAN 图像生成实践为例)

在 21 世纪的今天，随着 GPU 计算能力的不断增强，拥有庞大参数和复杂结构的深度神经网络模型的训练成为现实。但要让这类模型具备较强的泛化能力，使其能在没有见过的数据集上也有较好的表现，就必须用大规模数据集对其进行训练。然而，我们不得不面临数据集不足或不充分的问题，例如第 7 章要讲解的晶圆表面缺陷检测任务中，随着晶圆加工工艺的不断提高，将面临数据集不足的问题。下面我们将通过本章的学习从一定程度上解决这个问题。

图像数据生成是扩充数据集的主要手段之一，它主要有两种方式：一种是数据增强方法，另一种是深度学习方法。

数据增强方法主要涉及几何变换(如剪裁、旋转、缩放、平移、镜像翻转)和颜色/像素变换(包括亮度、对比度、饱和度、色调的调整)，通过修改图像特征和对原始图像进行变换处理，可以生成一系列新的图像，从而实现数据集的扩充。我们可以通过第 4 章介绍的 OpenCV 相关的内容实现数据集的扩充，如图 5-1 所示。

深度学习方法是使用生成对抗网络(Generative Adversarial Networks，GAN)，深度卷积生成对抗网络(Deep Convolution Generative Adversarial Networks，DCGAN)是其中的一种重要类型。DCGAN 是一种基于深度卷积神经网络的生成对抗网络，由生成网络(又称生成器)和判别网络(又称判别器)组成。其中，生成网络使用转置卷积层(反卷积层)从潜在向量生成图像，判别网络则使用卷积层来区分生成的图像与真实图像。通过对生成器和判别器进行对抗训练，DCGAN 可以逐渐提高生成图像的质量。它的目标是通过学习训练数据的分布，生成逼真的图像样本。DCGAN 的关键思想是利用卷积神经网络的结构特性来捕捉图像的局部和全局特征，同时通过对抗训练的方式来提升生成器的生成能力和判别器的区分能力。

图 5-1　OpenCV 数据增强结果图

本章重点介绍图像数据生成和 DCGAN。首先，我们将深入研究 DCGAN 模型的原理和工作流程，包括生成网络和判别网络的结构。然后，我们将讨论 DCGAN 在图像生成任务中的应用案例。通过学习本章内容，读者可了解图像数据生成的基本概念和方法，掌握 DCGAN 模型的工作原理，并能够应用 DCGAN 进行图像生成任务。本章将为读者打开图像生成领域的大门，启发创造力和想象力，为图像生成任务提供实用的工具和技术支持。

5.1 DCGAN 概述

DCGAN 是 Alec 等人在 2016 年提出来的，他们首次将 CNN 应用到 GAN 中，通过 CNN 在无监督学习和有监督学习之间建立了桥梁，利用一种全新的对抗思路来生成数据。该思想在很大程度上弥补了 GAN 用多层感知机作为判别网络和生成网络的缺陷，进一步提高了生成图像的质量。

DCGAN 是一种深度卷积生成对抗网络，其本质是一个对抗生成样本的过程。它由生成器(Generator)和判别器(Discriminator)两个主要组件组成。生成器和判别器之间存在着一种对抗的关系，它们通过相互博弈的学习来提升自身的能力。生成对抗网络的结构图如图 5-2 所示。

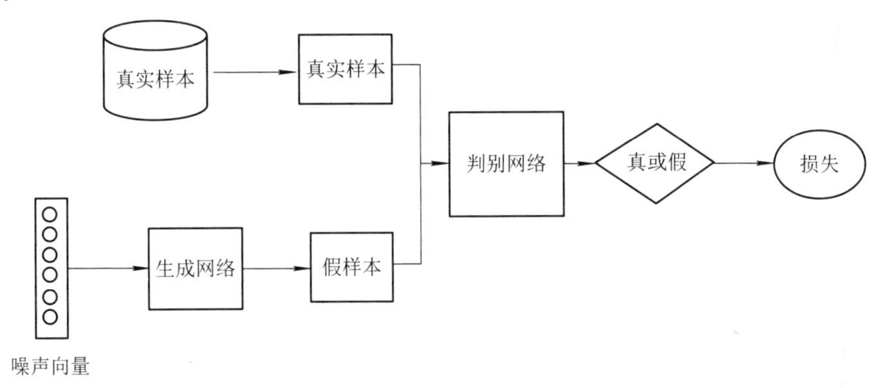

图 5-2　生成对抗网络结构图

生成器的任务是将输入的噪声向量转化为一张逼近真实样本的图像，也就是生成假样本。它通过一系列的卷积和反卷积操作，逐渐将噪声向量转化为具有真实样本特征的图像。生成器的目标是尽可能地骗过判别器，使生成的假样本在视觉上无法与真实样本区分开来。

判别器的任务是判断给定的样本是真实样本还是由生成器生成的假样本。它接收真实样本和生成器生成的假样本作为输入，并输出一个概率值来表示样本的真实性。判别器的目标是尽可能准确地判断出样本的真实性，即使面对生成器生成的假样本，也要能够识别出来。

在训练过程中，生成器和判别器相互博弈。生成器试图生成逼真的假样本，以骗过判别器，而判别器则试图准确地判断出真假样本。随着训练的进行，生成器逐渐提升了自己生成逼真样本的能力，而判别器也不断提高了自己的判别能力。

通过不断迭代训练，生成器和判别器会逐渐达到一种平衡状态，生成的假样本将无法被判别器准确区分出来。在这个阶段，生成器就可以生成高质量的假样本，从而很好地模拟了真实样本。

总结来说，DCGAN 通过生成器和判别器的对抗训练，最终达到生成高质量样本的目标。

5.2 生成网络与判别网络

5.2.1 生成网络概述

假设我们设计一个网络，将其称为“生成器(Generator)”。生成器的输入是一个向量，该向量一般是低维向量，它是通过一个特定的分布采样得出的，常用分布是正态分布。生成器的输出是符合我们任务的另外一个向量，该向量通常是一个高维向量，比如晶圆缺陷图像数据。由于生成器的输入向量是通过一个分布随机采样的，所以输入向量每次都是不一样的，因此生成器每次的输出也是不一样的，会形成一个复杂的分布。尽管每次的输出向量都不一样，但是我们希望这些输出向量都是晶圆图像，而不是其他。

下面以生成 64 × 64 × 3 的样本为例，详细介绍生成网络，取 channel(通道数) = 128。生成网络的基本模型如图 5-3 所示。

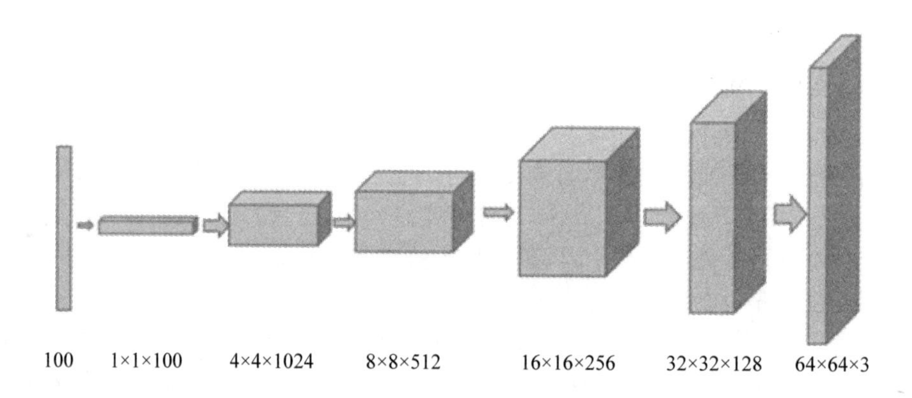

图 5-3 生成网络的基本模型

1. 输入层

首先输入的是长度为 100 的正态分布随机数的噪声。

2. F1——全连接层

该层的处理流程是：全连接→reshape(重塑数组)→批量归一化→ReLU。

(1) 全连接：将输入长度为 100 的噪声与 16 384 个神经元进行全连接，输出长度为 16 384 的向量。

(2) reshape：将全连接输出的长度为 16 384 的向量 reshape 成 4 × 4 × 1024 的特征图。

(3) 批量归一化：将 reshape 后的值进行批量归一化，使得输出的分布和原始输入的分布一致。

(4) ReLU：将批量归一化后的矩阵输入 ReLU 非线性激活函数中，增强网络的非线性能力。

3. C1——反卷积层

该层的处理流程是：卷积→批量归一化→ReLU。

(1) 卷积：输入大小为 4 × 4 × 1024 的特征图，经过 512 个大小为 4 × 4 × 3 的卷积核进行卷积操作，并设置边缘填充参数 padding = 1，卷积步长参数 stride = 2，最后输出大小为 8 × 8 × 512 的特征图(2 × (4 − 1) − 2 × 1 + 4 = 8)。

(2) 批量归一化：使得输出的分布和原始输入的分布一致，增强模型的泛化能力，输出大小为 8 × 8 × 512 的特征图。

(3) ReLU：将卷积后输出的特征图输入 ReLU 函数中，增强网络的非线性能力。

4. C2——反卷积层

该层的处理流程是：卷积→批量归一化→ReLU。

(1) 卷积：输入大小为 8 × 8 × 512 的特征图，经过 256 个大小为 4 × 4 × 3 的卷积核进行卷积操作，并设置边缘填充参数 padding = 1，卷积步长参数 stride = 2，最后输出大小为 16 × 16 × 256 的特征图(2 × (8 − 1) − 2 × 1 + 4 = 16)。

(2) 批量归一化：使得输出的分布和原始输入的分布一致，增强模型的泛化能力，输出大小为 16 × 16 × 256 的特征图。

(3) ReLU：将卷积后输出的特征图输入 ReLU 函数中，增强网络的非线性能力。

5. C3——反卷积层

该层的处理流程是：卷积→批量归一化→ReLU。

(1) 卷积：输入大小为 16 × 16 × 256 的特征图，经过 128 个大小为 4 × 4 × 3 的卷积核进行卷积操作，并设置边缘填充参数 padding = 1，卷积步长参数 stride = 2，最后输出大小为 32 × 32 × 128 的特征图(2 × (16 − 1) − 2 × 1 + 4 = 32)。

(2) 批量归一化：使得输出的分布和原始输入的分布一致，增强模型的泛化能力，输出大小为 32 × 32 × 128 的特征图。

(3) ReLU：将卷积后输出的特征图输入 ReLU 函数中，增强网络的非线性能力。

6. C4——反卷积层

该层的处理流程是：卷积→tanh。

(1) 卷积：输入大小为 $32 \times 32 \times 128$ 的特征图，经过 3 个大小为 $4 \times 4 \times 3$ 的卷积核进行卷积操作，并设置边缘填充参数 padding = 1，卷积步长参数 stride = 2，最后输出大小为 $64 \times 64 \times 3$ 的特征图($2 \times (32 - 1) - 2 \times 1 + 4 = 64$)。

(2) tanh：将卷积后输出的特征图输入 tanh 函数中。

5.2.2 判别网络概述

假设我们设计一个网络，将其称为“判别器(Discriminator)”。判别器的输入是两张图像，一张是由生成器生成的图像，另外一张是真实的图像。输出结果是一个概率值，表示判别器认为输入图像是真实图像的概率。

下面以 $64 \times 64 \times 3$ 的样本为例，详细介绍判别网络，取 channel = 128。判别网络的基本模型如图 5-4 所示。

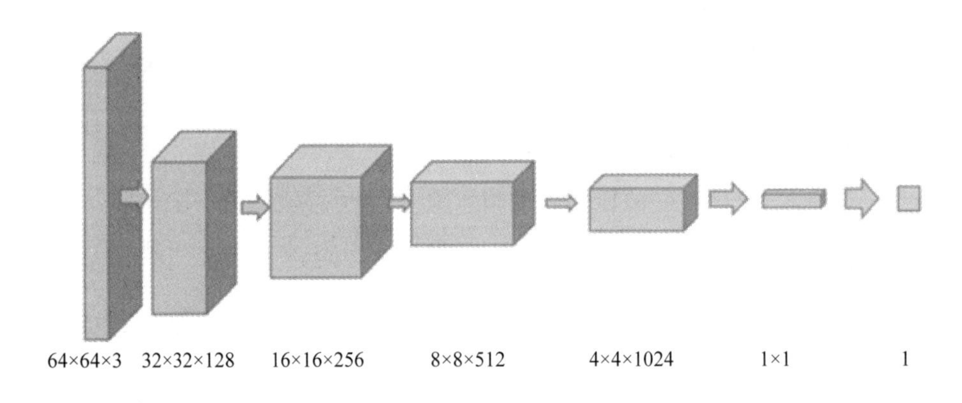

图 5-4　判别网络的基本模型

1. 输入层

首先输入的是大小为 $64 \times 64 \times 3$ 的图像。

2. C1——卷积层

该层的处理流程是：卷积→批量归一化→ReLU。

(1) 卷积：输入大小为 $64 \times 64 \times 3$ 的特征图，经过 128 个大小为 $4 \times 4 \times 3$ 的卷积核进行卷积操作，并设置边缘填充参数 padding = 1，卷积步长参数 stride = 2，则输出大小为

$32\times32\times128$ 的特征图($(64-4+2\times1)/2+1=32$)。

(2) 批量归一化：使得输出的分布和原始输入的分布一致，增强模型的泛化能力，输出大小为 $32\times32\times128$ 的特征图。

(3) ReLU：将卷积后输出的特征图输入 ReLU 函数中，增强网络的非线性能力。

3. C2——卷积层

该层的处理流程是：卷积→批量归一化→ReLU。

(1) 卷积：输入大小为 $32\times32\times128$ 的特征图，经过 256 个大小为 $4\times4\times3$ 的卷积核进行卷积操作，并设置边缘填充参数 padding = 1，卷积步长参数 stride = 2，最后输出大小为 $16\times16\times256$ 的特征图($(32-4+2\times1)/2+1=16$)。

(2) 批量归一化：使得输出的分布和原始输入的分布一致，增强模型的泛化能力，输出大小为 $16\times16\times256$ 的特征图。

(3) ReLU：将卷积后输出的特征图输入 ReLU 函数中，增强网络的非线性能力。

4. C3——卷积层

该层的处理流程是：卷积→批量归一化→ReLU。

(1) 卷积：输入大小为 $16\times16\times256$ 的特征图，经过 512 个大小为 $4\times4\times3$ 的卷积核进行卷积操作，并设置边缘填充参数 padding = 1，卷积步长参数 stride = 2，最后输出大小为 $8\times8\times512$ 的特征图($(16-4+2\times1)/2+1=8$)。

(2) 批量归一化：使得输出的分布和原始输入的分布一致，增强模型的泛化能力，输出大小为 $8\times8\times512$ 的特征图。

(3) ReLU：将卷积后输出的特征图输入 ReLU 函数中，增强网络的非线性能力。

5. C4——卷积层

该层的处理流程是：卷积→批量归一化→ReLU。

(1) 卷积：输入大小为 $8\times8\times512$ 的特征图，经过 1024 个大小为 $4\times4\times3$ 的卷积核进行卷积操作，并设置边缘填充参数 padding = 1，卷积步长参数 stride = 2，最后输出大小为 $4\times4\times1024$ 的特征图($(8-4+2\times1)/2+1=4$)。

(2) 批量归一化：使得输出的分布和原始输入的分布一致，增强模型的泛化能力，输出大小为 $4\times4\times1024$ 的特征图。

(3) ReLU：将卷积后输出的特征图输入 ReLU 函数中，增强网络的非线性能力。

6. 全连接层

将上一层的输出 reshape 成长度为 16 384 的向量，并与 1 个神经元进行全连接，输出长度为 1 的标量，通过 Sigmoid 函数将输出映射到 0 到 1 之间，得到最终的预测值。

5.3 使用 DCGAN 实现图像数据生成

本实验旨在利用 DCGAN 生成数据集，以应对第 7 章实验中晶圆缺陷检测数据集不充足的问题。晶圆图像如图 5-5 所示。DCGAN 是一种特定类型的生成对抗网络，它利用深度卷积神经网络来生成新的、合成的图像数据。DCGAN 在架构设计上引入了一些关键的改进，包括使用批量归一化(Batch Normalization)、去除全连接层、使用 ReLU 激活函数(在生成器中)和 LeakyReLU 激活函数(在判别器中)等，这些改进帮助模型更稳定地训练。本节将从数据集简介、数据载入、构建模型、训练模型和验证模型几个方面来详细介绍使用 DCGAN 如何生成图像数据。

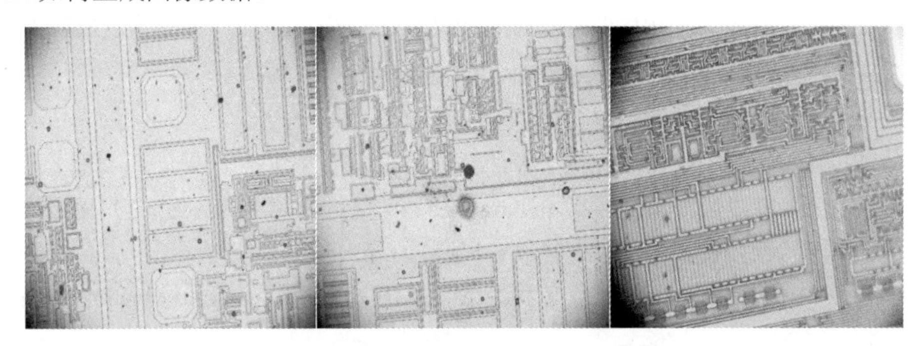

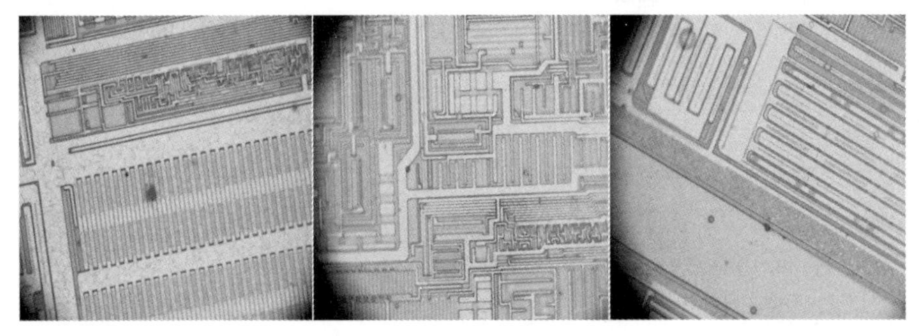

图 5-5 晶圆图像样例

5.3.1 数据集简介

本实验的目的是生成类似的图像数据，用于模型的训练。本实验选择使用花的图像作为图像数据。尽管图像内容不同，但本实验的核心目标仍然是解决晶圆数据集不充足的问题，并通过在花的图像上进行实验来验证算法的有效性。

这样的实验设计允许我们进行模拟测试，以评估算法在晶圆缺陷检测方面的性能和可靠性。通过对花的图像进行处理和检测，可以验证算法在充足数据集的条件下的表现，并为进一步在晶圆数据集上的应用奠定基础。

本节代码的详细信息可以在 gitee 中找到，链接为 https://gitee.com/zhou-xuanling/dcgan-unsupervised-data，在 README.md 文件中有本节实验的图像数据和模型文件的百度网盘链接。在本实验中，有 8000 多张图像可供读者选择，数据集图像样例如图 5-6 所示。

图 5-6　花朵图像样例

5.3.2　数据载入

1. 构建数据集加载器

构建数据集加载器的代码如下：

```
class DCganDataset(Dataset):
    def __init__(self, annotation_lines, input_shape):
        super(DCganDataset, self).__init__()

        self.annotation_lines = annotation_lines
        self.length = len(annotation_lines)
        self.input_shape = input_shape

    def __len__(self):
        return self.length

    def __getitem__(self, index):
```

```
        image = Image.open(self.annotation_lines[index].split()[0])
        image = cvtColor(image).resize([self.input_shape[1], self.input_shape[0]], Image.BICUBIC)

        image = np.array(image, dtype=np.float32)
        image = np.transpose(preprocess_input(image), (2, 0, 1))
        return image
```

以上代码描述了如何构建 Python 类的 DCganDataset，它是继承自 Dataset 类的自定义数据集类。该类用于加载图像数据集，并在训练过程中返回预处理后的图像数据。

(1) 在类的构造函数 __init__()中，接收两个参数：annotation_lines 表示数据集的注释信息，input_shape 表示输入图像的形状。

(2) 使用 __len__()函数返回数据集中样本的数量。

(3) 使用 __getitem__()函数接收一个索引值 index，根据索引值从注释信息中获取图像的文件路径。首先，使用 Image.open()函数打开图像文件。然后，使用 cvtColor()函数进行图像颜色空间转换，并调用 resize()函数将图像调整为指定的输入形状。接下来，将图像转换为 np.array 类型，并使用 preprocess_input()函数对图像进行预处理。最后，使用 np.transpose()函数重新排列图像的维度顺序，将通道维度放在第一维，以符合一般的深度学习框架的输入格式要求。最终返回预处理后的图像数据。

2. 利用 PyTorch 中的 DataLoader 加载数据集

利用 PyTorch 中的 DataLoader 加载数据集的代码如下：

```
from torch.utils.data import DataLoader
def  DCgan_dataset_collate(batch):
    images = []
    for image in batch:
        images.append(image)
    images = torch.from_numpy(np.array(images, np.float32))
    return images
annotation_path = "train_lines.txt"
with open(annotation_path) as f:
    lines = f.readlines()
num_train = len(lines)
train_dataset = DCganDataset(lines, input_shape)
gen= DataLoader(train_dataset, shuffle = True, batch_size = 2, num_workers = 0, pin_memory = True, 
drop_last = True, collate_fn = DCgan_dataset_collate, sampler = None)
```

以上代码片段是基于 PyTorch 框架的数据加载部分示例。

(1) 定义函数 DCgan_dataset_collate()，用于对批量数据进行整理和处理。该函数先接收一个批量数据 batch，遍历每个样本，并将它们添加到列表 images 中。然后，将 images 转换为 PyTorch 张量类型，并使用 torch.from_numpy()函数进行转换。最后，返回整理后的批量数据 images。

(2) 指定数据集存放位置的文本文件路径 annotation_path，使用 open()函数打开文件并读取其中的内容，将每一行存储在列表 lines 中。num_train 记录了训练集的样本数量。

(3) 创建一个 DCganDataset 实例 train_dataset，传入 lines 和 input_shape 作为参数，用于加载和处理训练集数据。

(4) 使用 DataLoader 将 train_dataset 封装成一个可迭代的数据加载器对象 gen。在创建数据加载器时，指定了一些参数：shuffle = True 表示在每个 Epoch(将整个训练数据集完整地通过神经网络进行一次前向传播和反向传播的过程)训练开始前对数据进行洗牌，batch_size = 2 表示每次迭代返回的批量大小为 2，num_workers = 0 表示使用的数据加载线程数为 0(单线程)，pin_memory = True 表示将数据加载到固定内存中以加速数据传输，drop_last = True 表示如果最后一个批次的样本数量不足以组成一个完整的批次，则丢弃该批，collate_fn = DCgan_dataset_collate 表示使用前面定义的 DCgan_dataset_collate()函数对批量数据进行整理和处理，sampler = None 表示不使用自定义的数据采样器。

5.3.3 构建模型

本实验的生成网络用到了 4 个卷积层和 1 个全连接层，并且在 __init__()中对卷积的权重进行了均值为 0.0、标准差为 0.02 的高斯分布初始化，对批量归一化的权重进行了均值为 0.1、标准差为 0.02 的高斯分布初始化，对全连接层进行了与卷积相同的权重初始化，对批量归一化、全连接层设置的偏置项均为 0，使用 ReLU 作为卷积和批量归一化后的激活函数。

1. 权重初始化和设置偏置项

权重初始化和设置偏置项的代码如下：

```
def weight_init(self):
    for m in self.modules():
        if isinstance(m, nn.ConvTranspose2d):
            m.weight.data.normal_(0.0, 0.02)
            m.bias.data.fill_(0)
        elif isinstance(m, nn.BatchNorm2d):
            m.weight.data.normal_(0.1, 0.02)
```

```
            m.bias.data.fill_(0)
        elif isinstance(m, nn.Linear):
            m.weight.data.normal_(0.0, 0.02)
            m.bias.data.fill_(0)
```

以上代码片段定义了一个用于初始化神经网络权重及设置偏置项的函数 weight_init()。

该函数遍历了神经网络的每个模块 m，并根据模块的类型进行了不同的权重初始化操作及偏置项设置。

对于 nn.ConvTranspose2d 模块，使用 m.weight.data.normal_()函数对权重进行高斯分布初始化，均值为 0.0，标准差为 0.02，并使用 m.bias.data.fill_()函数将偏置项设置为 0。

对于 nn.BatchNorm2d 模块，使用 m.weight.data.normal_()函数对权重进行高斯分布初始化，均值为 0.1，标准差为 0.02，并使用 m.bias.data.fill_()函数将偏置项设置为 0。

对于 nn.Linear 模块，使用 m.weight.data.normal_()函数对权重进行高斯分布初始化，均值为 0.0，标准差为 0.02，并使用 m.bias.data.fill_()函数将偏置项设置为 0。

2. 生成网络的构建

构建生成网络的代码如下：

```
class generator(nn.Module):
    def __init__(self, d = 128, input_shape = [64, 64]):
        super(generator, self).__init__()
        s_h, s_w = input_shape[0], input_shape[1]
        s_h2, s_w2 = conv_out_size_same(s_h, 2), conv_out_size_same(s_w, 2)

        s_h4, s_w4 = conv_out_size_same(s_h2, 2), conv_out_size_same(s_w2, 2)
        s_h8, s_w8 = conv_out_size_same(s_h4, 2), conv_out_size_same(s_w4, 2)
        self.s_h16, self.s_w16 = conv_out_size_same(s_h8, 2), conv_out_size_same(s_w8, 2)

        self.linear = nn.Linear(100, self.s_h16 * self.s_w16 * d * 8)
        self.linear_bn = nn.BatchNorm2d(d * 8)
        self.deconv1 = nn.ConvTranspose2d(d * 8, d * 4, 4, 2, 1)

        self.deconv1_bn = nn.BatchNorm2d(d * 4)
        self.deconv2 = nn.ConvTranspose2d(d * 4, d * 2, 4, 2, 1)
        self.deconv2_bn = nn.BatchNorm2d(d * 2)
```

```
        self.deconv3 = nn.ConvTranspose2d(d * 2, d, 4, 2, 1)
        self.deconv3_bn = nn.BatchNorm2d(d)

        self.deconv4 = nn.ConvTranspose2d(d, 3, 4, 2, 1)

        self.relu = nn.ReLU()
        self.weight_init()
```

这段代码定义了一个生成器(generator)的类，该类继承自 nn.Module。生成器通常在 GAN 中使用，用于生成与真实数据相似的合成数据。

在该生成器类中，包含了一系列的层和函数操作：

(1) __init__()函数：初始化生成器对象。其中，d 是一个整数，表示生成器的维度(默认为 128)；input_shape 是一个包含两个整数的列表，表示输入的图像形状(默认为[64, 64])。

(2) conv_out_size_same()函数：计算不同卷积层输出的高度和宽度。这里根据输入图像的大小计算了多个卷积层的输出大小，用于后续的反卷积操作。

(3) 线性层(self.linear)：一个全连接层，输入维度为 100(即输入的随机噪声维度)，输出维度为 self.s_h16 * self.s_w16 * d * 8。这一层将随机噪声映射到合成图像的潜在空间。

(4) 批量归一化层(self.linear_bn)：对线性层的输出进行批量归一化操作。

(5) 反卷积层(self.deconv1、self.deconv2、self.deconv3、self.deconv4)：通过反卷积操作将线性层输出的潜在空间映射为生成的图像。这些反卷积层使用不同的参数进行卷积核翻转、步长调整和填充。

(6) 批量归一化层(self.deconv1_bn、self.deconv2_bn、self.deconv3_bn)：对反卷积层的输出进行批量归一化操作。

(7) 激活函数(self.relu)：使用 ReLU 激活函数对每个层的输出进行非线性映射。

(8) weight_init()函数：对生成器的权重进行初始化操作。这个函数可能是用户自定义的，用于初始化权重参数。

3. 前向传播

前向传播的代码如下：

```
    def forward(self, x):
        bs, _ = x.size()
        x = self.linear(x)
        x = x.view([bs, -1, self.s_h16, self.s_w16])
        x = self.relu(self.linear_bn(x))
        x = self.relu(self.deconv1_bn(self.deconv1(x)))
```

```
        x = self.relu(self.deconv2_bn(self.deconv2(x)))
        x = self.relu(self.deconv3_bn(self.deconv3(x)))
        x = torch.tanh(self.deconv4(x))
        return x
```

以上代码片段定义了一个神经网络模型的前向传播函数 forward()。在该函数中，输入 x 的大小为“bs, _”。其中，bs 表示批量大小，_表示输入的特征维度。

(1) 通过 self.linear 模块对输入进行线性变换，将其映射到新的特征空间。

(2) 通过 x.view([bs, -1, self.s_h16, self.s_w16])将第 2 步中输出的特征向量重新排列为四维张量。其中，bs 表示批量大小，−1 表示让 PyTorch 自动计算这个位置的值，self.s_h16 和 self.s_w16 表示特征的高度和宽度。

(3) 通过 self.relu()函数对线性变换后的特征进行 ReLU 激活函数的非线性处理。

(4) 通过一系列的反卷积操作(self.deconv1、self.deconv2、self.deconv3 和 self.deconv4)和批量归一化操作(self.deconv1_bn、self.deconv2_bn 和 self.deconv3_bn)对特征进行逐层的解卷积和归一化处理，并通过 ReLU 激活函数对解卷积后的特征进行非线性处理。

(5) 通过 tanh()函数对最后一层解卷积的特征进行映射，得到生成的输出。

(6) 函数返回生成的输出 x。

4. 判别网络的构建

构建判别网络的代码如下：

```
class discriminator(nn.Module):
    # 初始化网络
    def __init__(self, d = 128, input_shape = [64, 64]):
        super(discriminator, self).__init__()
        s_h, s_w        = input_shape[0], input_shape[1]
        s_h2, s_w2    = conv_out_size_same(s_h, 2), conv_out_size_same(s_w, 2)
        s_h4, s_w4    = conv_out_size_same(s_h2, 2), conv_out_size_same(s_w2, 2)
        s_h8, s_w8    = conv_out_size_same(s_h4, 2), conv_out_size_same(s_w4, 2)
        self.s_h16, self.s_w16 = conv_out_size_same(s_h8, 2), conv_out_size_same(s_w8, 2)

        self.conv1 = nn.Conv2d(3, d, 4, 2, 1)


        self.conv2 = nn.Conv2d(d, d * 2, 4, 2, 1)
        self.conv2_bn = nn.BatchNorm2d(d * 2)
```

```
        self.conv3 = nn.Conv2d(d * 2, d * 4, 4, 2, 1)
        self.conv3_bn = nn.BatchNorm2d(d * 4)

        self.conv4 = nn.Conv2d(d * 4, d * 8, 4, 2, 1)
        self.conv4_bn = nn.BatchNorm2d(d * 8)

        self.linear = nn.Linear(self.s_h16 * self.s_w16 * d * 8, 1)
        self.leaky_relu = nn.LeakyReLU(negative_slope = 0.2)
    # 前向传播
    def forward(self, x):
        bs, _, _, _ = x.size()
        x = self.leaky_relu(self.conv1(x))
        x = self.leaky_relu(self.conv2_bn(self.conv2(x)))
        x = self.leaky_relu(self.conv3_bn(self.conv3(x)))
        x = self.leaky_relu(self.conv4_bn(self.conv4(x)))
        x = x.view([bs, -1])
        x = self.linear(x)
        return x.squeeze()
```

这段代码定义了一个名为discriminator的判别器模型类，用于实现对输入数据的判别。

(1) 在 __init__()函数中，通过指定输入图像形状和通道数，计算了每个卷积层的输出尺寸。这些输出尺寸将在后续的网络构建中使用。定义了一系列的卷积层和批量归一化层，以及一个线性全连接层。这些层的配置是为了构建判别器的网络结构。

(2) 在 forward()函数中，首先获取输入数据的批量大小。然后，让输入数据经过卷积层、批量归一化层和 LeakyReLU 激活函数进行处理。这些层和函数的作用是对输入数据进行特征提取和非线性变换。接下来，通过 view()函数将特征图展平为一维张量，以便输入全连接层中进行线性映射。最后，使用线性全连接层将展平后的特征图映射为一个标量，表示输入数据被判别为真实样本的概率。通过对输出结果进行压缩(使用 squeeze()函数)，得到最终的判别结果。

5.3.4　训练模型

完成神经网络的构建之后，设置训练参数并开始训练网络模型。主要需要设置的参数包括：

(1) 卷积通道数和输入图像大小以及训练图像的路径。

(2) 训练的总轮数。

(3) 模型的初始学习率和最大学习率。

训练网络模型的代码如下：

```
import torch
import torch.nn as nn
import torch.optim as optim
from nets.dcgan import discriminator, generator
from utils.utils import get_lr_scheduler, set_optimizer_lr
from utils.utils_fit import fit_one_epoch

if __name__ == "__main__":
    channel = 64
    input_shape = [64,64]

    Epoch = 500
    batch_size = 1

    Init_lr = 2e-3
    Min_lr = Init_lr * 0.01

    optimizer_type = "adam"
    momentum = 0.5
    weight_decay = 0

    lr_decay_type = "cos"

    save_dir = 'logs'

    annotation_path = "train_lines.txt"

    device = torch.device('cuda' if torch.cuda.is_available() else 'cpu')

    # 构建生成网络和判别网络
```

```
G_model = generator(channel, input_shape)
D_model = discriminator(channel, input_shape)

# 获得损失函数
BCE_loss = nn.BCEWithLogitsLoss()

G_model_train = G_model.train()
D_model_train = D_model.train()

G_model_train = G_model_train.cuda()
D_model_train = D_model_train.cuda()

with open(annotation_path) as f:
    lines = f.readlines()
num_train = len(lines)

if True:
    # 生成网络和判别网络优化器
    G_optimizer = optim.Adam(G_model_train.parameters(), lr = Init_lr, betas = (momentum, 0.999),
                             weight_decay = weight_decay)
    D_optimizer = optim.Adam(D_model_train.parameters(), lr = Init_lr, betas = (momentum, 0.999),
                             weight_decay = weight_decay)
    lr_scheduler_func = get_lr_scheduler(lr_decay_type, Init_lr, Min_lr, Epoch)
    epoch_step = num_train // batch_size
    for epoch in range(0, Epoch):
        set_optimizer_lr(G_optimizer, lr_scheduler_func, epoch)
        set_optimizer_lr(D_optimizer, lr_scheduler_func, epoch)
        fit_one_epoch(G_model_train, D_model_train, G_model, D_model, G_optimizer,
                      D_optimizer,  BCE_loss, epoch, epoch_step, gen, Epoch, save_dir)
```

这段代码实现了一个基于 DCGAN 的图像生成器的训练过程。下面是代码的详细解释。

(1) 导入所需的库和模块，具体包括：

① torch：PyTorch 库，用于构建和训练神经网络模型。

② torch.nn：PyTorch 中的神经网络模块。

③ torch.optim：PyTorch 中的优化器模块，用于定义优化算法。

④ nets.dcgan：自定义的 DCGAN 生成器和判别器模型。

⑤ utils.utils：自定义的实用函数。

⑥ utils.utils_fit：自定义的模型训练相关函数。

(2) 定义训练参数，具体包括：

① channel：卷积通道数。

② input_shape：输入图像的大小。

③ Epoch：训练的总轮数。

④ batch_size：每个批次的图像数量。

⑤ Init_lr：模型的初始学习率。

⑥ Min_lr：模型的最小学习率，默认为初始学习率的 0.01。

⑦ optimizer_type：优化器的类型，这里选择了 Adam 优化器。

⑧ momentum：优化器的动量参数。

⑨ weight_decay：优化器的权重衰减参数。

⑩ lr_decay_type：学习率下降方式，这里选择了余弦退火。

⑪ save_dir：保存权重和日志文件的文件夹路径。

⑫ annotation_path：训练图像的路径。

⑬ device：选择使用 CUDA 加速或 CPU 进行训练。

(3) 构建生成网络和判别网络。

① 使用 generator()函数构建生成网络模型，并设置为训练模式(.train())。

② 使用 discriminator()函数构建判别网络模型，并设置为训练模式(.train())。

(4) 定义优化函数并开始训练。

① 使用 nn.BCEWithLogitsLoss()定义二分类交叉熵损失函数。

② 为生成网络和判别网络创建使用 Adam 优化算法的优化器，并设置学习率、动量和权重衰减。

③ 根据学习率下降方式(lr_decay_type)获取学习率调度器函数。

④ 计算每个世代(完整遍历整个训练数据集一次的过程)的步数(epoch_step)，即每个世代需要迭代的次数。

⑤ 开始模型的训练，调用 fit_one_epoch()函数来执行每个世代的训练过程。

该段代码的目的是加载训练数据，构建生成网络和判别网络模型，并使用训练数据对模型进行训练。通过逐渐调整学习率和执行多个训练世代，训练出一个生成网络，使其能够生成逼真的图像。训练过程中使用了二分类交叉熵损失函数(BCEWithLogitsLoss)。训练过程中的权重更新使用了 Adam 优化算法。训练的结果将保存在指定的文件夹中。

5.3.5　验证模型

完成模型的训练之后，我们便可以使用这个经过训练的 DCGAN 模型来生成高质量的图像，这些图像可以用来扩展数据集或用于其他应用。本节将展示如何使用一个经过训练的 DCGAN 模型来生成新的图像，扩充我们的数据集。以下是加载模型并输出图像的代码：

```
import itertools

import matplotlib.pyplot as plt
import numpy as np
import torch
from PIL import Image
from torch import nn


from nets.dcgan import generator
from utils.utils import postprocess_output, show_config


class DCGAN(object):
    _defaults = {
        # model_path 指向 logs 文件夹下的权重文件
        "model_path":'logs/G_Epoch350-GLoss26.0214-DLoss0.0802.pth',
        # 卷积通道数的设置
        "channel" : 64,
        # 输入图像大小的设置
        "input_shape": [256, 256],
        "cuda": True,
    }

    # 初始化 DCGAN
    def __init__(self, **kwargs):
        self.__dict__.update(self._defaults)
        for name, value in kwargs.items():
```

```
            setattr(self, name, value)
            self._defaults[name] = value
        self.generate()

        show_config(**self._defaults)

    def generate(self):
        # 创建GAN模型
        self.net = generator(self.channel, self.input_shape).eval()
        device = torch.device('cuda' if torch.cuda.is_available() else 'cpu')
        self.net.load_state_dict(torch.load(self.model_path, map_location=device))
        self.net = self.net.eval()
        print('{} model loaded.'.format(self.model_path))

        if self.cuda:
            self.net = nn.DataParallel(self.net)
            self.net = self.net.cuda()

    # 生成5×5的图像
    def generate_5×5_image(self, save_path):
        with torch.no_grad():
            randn_in = torch.randn((5*5, 100))
            if self.cuda:
                randn_in = randn_in.cuda()

            test_images = self.net(randn_in)

            size_figure_grid = 5
            fig, ax = plt.subplots(size_figure_grid, size_figure_grid, figsize = (5, 5))
            for i, j in itertools.product(range(size_figure_grid), range(size_figure_grid)):
                ax[i, j].get_xaxis().set_visible(False)
                ax[i, j].get_yaxis().set_visible(False)

            for k in range(5*5):
```

```
                i = k // 5
                j = k % 5
                ax[i, j].cla()
                ax[i,  j].imshow(np.uint8(postprocess_output(test_images[k].cpu().data.numpy().transpose(1,
2, 0))))

            label = 'predict_5x5_results'
            fig.text(0.5, 0.04, label, ha='center')
            plt.savefig(save_path)

    # 生成 1 × 1 的图像
    def generate_1 × 1_image(self, save_path):
        with torch.no_grad():
            randn_in = torch.randn((1, 100))
            if self.cuda:
                randn_in = randn_in.cuda()

            test_images = self.net(randn_in)
            test_images = postprocess_output(test_images[0].cpu().data.numpy().transpose(1, 2, 0))

            Image.fromarray(np.uint8(test_images)).save(save_path)
```

上面的代码主要用于导入训练模型，输出生成图像。

(1) 导入必需的库和模块，具体包括：

① itertools：用于生成循环迭代器，可在图像生成中创建循环结构。

② matplotlib.pyplot：用于图像的可视化和绘制。

③ numpy：用于处理数值计算和数组操作。

④ torch：PyTorch 库，用于构建和训练神经网络模型。

⑤ PIL.Image：用于图像的读取、保存和处理。

⑥ torch.nn：PyTorch 中的神经网络模块。

(2) 定义名为 DCGAN 的类。该类实现了基于 DCGAN 框架的图像生成器，具有 model_path(模型权重文件路径)、channel(卷积通道数)、input_shape(输入图像形状)和 cuda (CUDA 加速选项)四个默认参数，可以根据实际需求更改。

(3) 定义 __init__()函数，用于初始化 DCGAN 类对象。它首先使用默认参数更新实例

的属性，并将传递的参数更新为新的属性值。然后调用 generate()函数创建和加载 GAN 模型，并打印配置信息。

(4) 定义 generate()函数，用于创建 GAN 模型并加载预训练的权重。使用 generator()函数创建一个生成器网络模型，并设置为评估模式(.eval())。根据是否有可用的 GPU，将模型加载到相应的设备上。如果启用 CUDA 加速，则使用 nn.DataParallel 对模型进行并行处理，并将模型放在 GPU 上。

(5) 定义 generate_5 × 5_image()函数，用于生成一个 5 × 5 的图像并保存至指定路径。它在不计算梯度的 torch.no_grad()上下文中生成形状为(25, 100)的随机噪声输入，如启用 CUDA 则将输入转移到 GPU，通过生成器网络进行前向传播以产生图像，然后在一个 5 × 5 的子图网格中显示这些图像，隐藏每个子图的坐标轴，清除并展示对应的生成图像，并为整个网格添加标签后保存。

(6) 定义 generate_1 × 1_image()函数，用于生成一个 1 × 1 大小的图像并保存到指定的路径。它的实现与 generate_5 × 5_image()函数类似，但只生成一张图像。

生成的 1 × 1 和 5 × 5 的预测图像数据如图 5-7 所示。

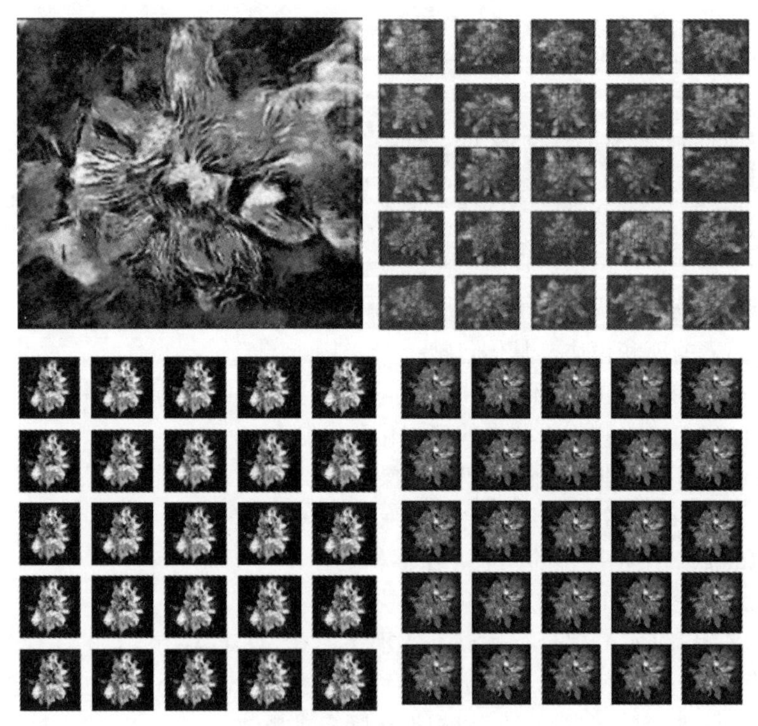

图 5-7 实验结果图

第6章

图像分类(以AlexNet网络图像分类实践为例)

深度学习在人工智能、计算机视觉中的一个重要应用是识别图像中的目标。所谓的识别，包含两层含义：一层是在图像中定位出目标，另一层是识别出目标是什么。在目标检测任务中，我们不仅需要识别图像，还需要定位图像的位置，而图像分类作为识别图像类别的原型，与目标检测息息相关。因此，本章先介绍图像分类，为第7章做一个铺垫。AlexNet网络是一个优秀的图像分类模型，本章将做详细介绍。

第2、3、4章介绍的知识和本章息息相关。例如，AlexNet使用的激活函数ReLU在第2章的2.7节有详细介绍，本章还应用了Dropout正则化和归一化，这在第2章的2.9节和2.12节也给出了详细介绍。除此之外，AlexNet使用了一种名为高斯初始化的初始化策略，通过从一个均值为0、方差较小的高斯分布中随机初始化网络参数，帮助网络更快地收敛和学习有效的特征表示；使用了学习率调度策略，即在训练过程中逐渐降低学习率，以平衡模型的收敛速度和精度；使用了数据预处理策略，即为了提高模型的鲁棒性和泛化能力，AlexNet对输入数据进行了预处理，这包括对图像进行归一化、减去均值、缩放等操作，以使输入数据更适合网络的处理和训练。AlexNet采用交叉熵作为损失函数，用于衡量预测值与真实标签之间的差异。交叉熵损失函数能够有效地衡量分类问题中的预测误差，并通过梯度下降等优化方法进行参数调整，还使用了随机梯度下降(SGD)优化算法来更新网络参数。SGD根据网络的反向传播计算出的梯度信息来调整参数，以最小化损失函数。这些我们都在第2章做了详细的说明。

AlexNet的基本架构涉及第3章卷积神经网络的应用。AlexNet采用了较深的卷积神经网络结构，共有8个学习层(5个卷积层和3个全连接层)。相较于之前的浅层网络，这种深度结构能够学习到更丰富和更复杂的特征表示，从而提高图像分类的准确性。AlexNet中的卷积层通过使用不同大小的卷积核，以不同的步长在图像上滑动，提取图像的局部特征。这种卷积操作能够有效地捕捉图像的空间结构和局部关联性，从而实现对图像的特征提取。

AlexNet 使用池化层进行特征降维和不变性提取。池化操作通过对局部特征进行统计汇聚(如最大池化或平均池化)，减少特征的维度，提高计算效率，并增强网络对于平移、缩放和旋转等变换的鲁棒性。AlexNet 采用修正线性单元(ReLU)作为激活函数。ReLU 的非线性特性使得网络能够更好地建模复杂的非线性关系，同时解决了梯度消失问题，加速了网络的训练过程。对于卷积、池化和激活函数的详细内容可以在第 2、3 章了解。

第 4 章介绍了图像处理相关的内容，图像处理和深度学习中的“数据增强”息息相关，通过对原始数据进行随机的平移、旋转、缩放、翻转等操作，可以生成更多的训练样本。这样可以增加数据集的多样性，减少模型对数据的依赖性，提高泛化能力，并抑制过拟合。

除此之外，AlexNet 采用批处理训练，即将训练数据分成多个小批次，每次计算小批次数据的损失和梯度，进行参数更新。批处理训练可以减小梯度的方差，加速收敛，并提高模型的泛化能力。

6.1　AlexNet 网络

6.1.1　AlexNet 网络概述

由于受到计算机性能的影响，虽然 LeNet 在图像分类中取得了较好的成绩，但是并没有引起很多的关注。直到 2012 年，Alex 等人提出的 AlexNet 网络在 ImageNet 大赛上以远超第二名的成绩夺冠，卷积神经网络乃至深度学习重新引起了广泛的关注。

AlexNet 将 LeNet 的思想发扬光大，并把 CNN 的基本原理应用到了很深很宽的网络中。AlexNet 主要使用到的新技术要点如下：

(1) 使用 ReLU 函数作为 CNN 的非线性激活函数，使得计算更为简单，成功证明了在深度神经网络中 ReLU 函数的作用是优于 Sigmoid 的，成功解决了 Sigmoid 在网络较深时的梯度弥散问题。

(2) 训练时使用 Dropout 使隐藏层的一部分神经元处于不激活的状态，防止模型过拟合的发生。

(3) 在 CNN 中使用重叠的最大池化。此前 CNN 中普遍使用平均池化，而 AlexNet 全部使用最大池化，避免了平均池化的模糊化效果。

(4) 提出了局部响应归一化(LRN)层，对局部神经元的活动创建竞争机制，使得其中响应比较大的值变得相对更大，并抑制其他反馈较小的神经元，增强了模型的泛化能力并避免了过拟合。

(5) 使用 CUDA 加速深度卷积网络的训练，并且利用 GPU 强大的并行计算能力，处理神经网络训练时大量的矩阵运算。

(6) 使用数据增强来提高模型的精度，随机地从 256 × 256 的原始图像中截取 224 × 224 大小的区域(以及水平翻转的镜像)，数据量相当于增加了 $2 \times (256-224)^2 = 2048$ 倍。

6.1.2　各层参数详解

AlexNet 网络结构如图 6-1 所示。AlexNet 网络包括 8 层(不包括输入层)，前 5 层是卷积层，接下来的两层是全连接隐藏层，最后一层是使用 Softmax 函数作用于输入的全连接输出层，最终产生一个覆盖 1000 类标签的分布。

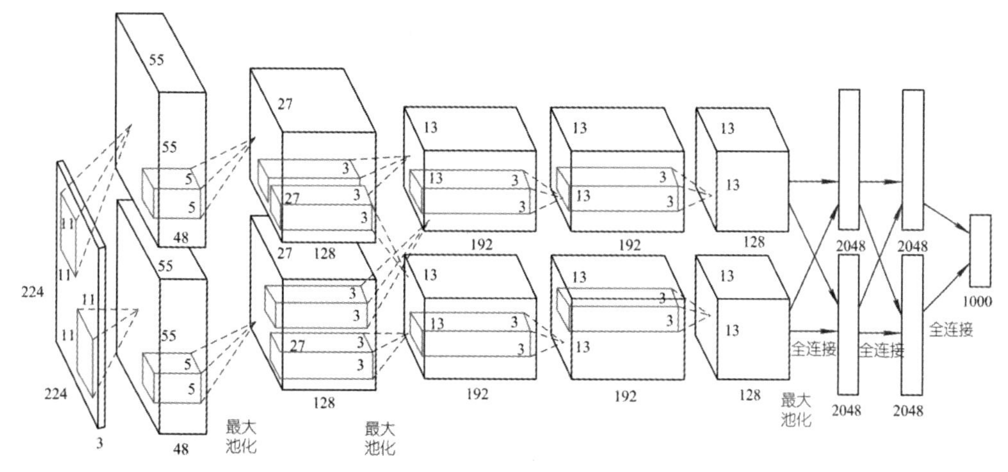

图 6-1　AlexNet 网络结构

1. Input 层——输入层

该层输入大小为 224 × 224 × 3 的图像。

2. C1 层——卷积层

该层的处理流程是：卷积→ReLU→最大池化→归一化。

(1) 卷积：输入两组 224 × 224 × 3 大小的矩阵，经过两组 48 个大小为 11 × 11 × 3 的卷积核进行卷积操作，并设置边缘填充参数 padding = 3，卷积步长参数 stride = 4，最后输出两个大小为 55 × 55 × 48 的特征图($(224+2 \times 3-11)/4+1=55$)。

(2) ReLU：将卷积后输出的特征图输入 ReLU 函数中，增强网络的非线性能力。

(3) 最大池化：使用大小为 3 × 3 的卷积核，步长参数 stride = 2 的池化单元(重叠池化，步长小于池化单元的宽度)，输出为 27 × 27 × 96($(55-3)/2+1=27$)。

(4) 归一化：进行局部响应归一化，增强模型的泛化能力，输入是 27 × 27 × 48，输出

分为两组，每组的大小为 $27 \times 27 \times 48$。

3. C2 层——卷积层

该层的处理流程是：卷积→ReLU→最大池化→归一化。

(1) 卷积：输入两组 $27 \times 27 \times 48$ 大小的矩阵，经过两组 128 个大小为 $5 \times 5 \times 48$ 的卷积核进行卷积操作，并设置边缘填充参数 padding = 2，卷积步长参数 stride = 1，最后输出两组大小为 $27 \times 27 \times 128$ 的特征图($(27 + 2 \times 2 - 5)/1 + 1 = 27$)。

(2) ReLU：将卷积后输出的特征图输入 ReLU 函数中。

(3) 最大池化：使用大小为 3×3 的卷积核，步长为 2，池化后的结果是两组大小为 $13 \times 13 \times 128$ 的特征图($(27 - 3)/2 + 1 = 13$)。

(4) 归一化：进行局部归一化，输入是 $13 \times 13 \times 128$，输出两组大小为 $13 \times 13 \times 128$ 的特征图。

4. C3 层——卷积层

该层先将 C2 层输出的两组大小为 $13 \times 13 \times 128$ 的特征图进行通道数的合并，合并的结果是 $13 \times 13 \times 256$。合并后的处理流程是：卷积→ReLU。

(1) 卷积：输入是 $13 \times 13 \times 256$，使用两组共 384 个大小为 $3 \times 3 \times 256$ 的卷积核进行卷积操作，并设置边缘填充参数 padding = 1，卷积步长参数 stride = 1，最后输出两组大小为 $13 \times 13 \times 192$ 的特征图。

(2) ReLU：将卷积后输出的特征图输入 ReLU 函数中。

5. C4 层——卷积层

该层的处理流程是：卷积→ReLU。

(1) 卷积：输入两组大小为 $13 \times 13 \times 192$ 的特征图，每组使用 192 个大小为 $3 \times 3 \times 192$ 的卷积核进行卷积操作，并设置边缘填充参数 padding = 1，卷积步长参数 stride = 1，最后输出两组大小为 $13 \times 13 \times 192$ 的特征图($(13 + 2 \times 1 - 3)/1 + 1 = 13$)。

(2) ReLU：将卷积后输出的特征图输入 ReLU 函数中。

6. C5 层——卷积层

该层处理流程为：卷积→ReLU→最大池化。

(1) 卷积：输入两组大小为 $13 \times 13 \times 192$ 的特征图，每组使用 128 个大小为 $3 \times 3 \times 192$ 的卷积核进行卷积操作，并设置边缘填充参数 padding = 1，卷积步长参数 stride = 1，最后输出两组大小为 $13 \times 13 \times 128$ 的特征图($(13 + 2 \times 1 - 3)/1 + 1 = 13$)。

(2) ReLU：将卷积后输出的特征图输入 ReLU 函数中。

(3) 最大池化：使用大小为 3×3 的卷积核，步长 stride = 2 的最大池化，输出两组大小为 $6 \times 6 \times 128$ 的特征图($(13 - 3)/2 + 1 = 6$)。

7. F1 层——全连接层

该层的流程为：(卷积)全连接→ReLU→Dropout。

(1) 全连接：输入大小为 6 × 6 × 256 的特征图，该层有 4096 个卷积核，每个卷积核的大小为 6 × 6 × 256。由于卷积核的尺寸刚好与待处理特征图(输入)的尺寸相同，即卷积核中的每个系数只与特征图(输入)尺寸的一个像素值相乘，一一对应，因此，该层被称为全连接层。由于卷积核与特征图的尺寸相同，卷积运算后只有一个值，因此，卷积后的像素层尺寸为 4096 × 1 × 1，即有 4096 个神经元。

(2) ReLU：这 4096 个运算结果通过 ReLU 激活函数生成 4096 个值。

(3) Dropout：防止过拟合，随机使隐藏层的某些神经元处于不激活的状态，这些处于不激活的状态的神经元是不进行前向传播和反向传播的。

8. F2 层——全连接层

该层的流程为：全连接→ReLU→Dropout。

(1) 全连接：输入为 4096 的向量，输出也是 4096 的向量。

(2) ReLU：将全连接的运算结果通过 ReLU 激活函数生成 4096 个值。

(3) Dropout：防止过拟合。

9. 输出层

将 F2 层输出的 4096 个数据与输出层的 1000 个神经元进行全连接，经过训练后输出 1000 个 float 型的值，这就是预测结果。

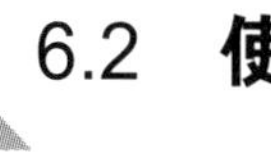

6.2　使用 AlexNet 网络实现图像分类

6.2.1　数据集简介

图像分类是计算机视觉领域的核心任务之一，旨在让计算机能够像人类一样识别和理解图像中的内容。这个过程通常涉及将图像数据分配给一组预定义的类别或标签。图像分类的关键步骤包括图像预处理、特征提取、模型训练和分类决策。

首先，在预处理阶段，图像会被转换成适合分析的格式，预处理操作可能包括调整大小、归一化亮度和对比度，以及去噪等。接下来，在特征提取阶段，从图像中提取重要的特征信息，这些特征信息可以是颜色、纹理、形状或者更复杂的图案，对于区分不同的类别至关重要。随后，这些特征信息被用于训练一个分类器，这可能是一个简单的逻辑回归模型，也可能是一个复杂的深度学习网络，如卷积神经网络(CNN)。深度学习方法特别强大，因为它们能够自动学习图像的层次化特征表示。最后，在分类决策阶段，新的图像输入模型中，模型会输出一个标签，表明它认为这个图像属于哪个类别。图像分类在多个领域都有实际应用，例如在医疗领域辅助诊断疾病，在零售业自动分类产品，在安全监控中识别威胁，在农业中监测作物状况，以及在自动驾驶汽车中识别和理解周围环境等。随着技术的进步，图像分类的准确度和效率不断提高，为各行各业带来了革命性的变化。

本节代码的详细信息可以在 gitee 中找到，链接为 https://gitee.com/zhou-xuanling/alex-net-image-classification，在 README.md 文件中有本节实验所用的图像数据和模型文件的百度网盘链接。在本实验中，有 20 000 多张图像可供读者选择，数据集图像样例如图 6-2 所示。

图 6-2　猫狗图像样例

6.2.2　数据载入

在机器学习和计算机视觉实验中，训练模型通常需要加载数据集，并将其输入模型中。在加载数据集的过程中通常使用数据集(Dataset)类来封装加载、处理和批量提供图像数据的逻辑。下面的代码将展示如何定义一个简单的 Dataset 类，用于加载和预处理图像。

```
train_dataset = ImageFolder(ROOT_TRAIN, transform = train_transform)
train_dataloader = DataLoader(train_dataset, batch_size = 32, shuffle = True)


val_dataset = ImageFolder(ROOT_TEST, transform = val_transform)
val_dataloader = DataLoader(val_dataset, batch_size = 32, shuffle = True)
```

代码解释如下：

(1) 使用 ImageFolder()函数处理存储在文件夹中的图像数据。其中，ROOT_TRAIN 是一个字符串，表示训练数据集图像的根目录路径；transform = train_transform 表示应用了一个预处理和数据增强的转换序列，而这个序列是通过 train_transform 变量定义的。

(2) 使用 DataLoader()函数创建一个用于迭代训练数据集的数据加载器。

(3) 使用 ImageFolder()创建一个验证数据集，类似于训练数据集，但通常是用来评估模型性能的不同数据集。ROOT_TEST 是包含验证图像的根目录路径，val_transform 应用了与训练相同的图像预处理和数据增强转换。

(4) 使用 DataLoader()函数创建一个用于迭代验证数据集的数据加载器。

6.2.3　构建模型

构建模型是机器学习和计算机视觉中的一个核心任务。首先，需要定义网络的结构，包括输入层、池化层、隐藏层和输出层，并有效地组织网络层次结构。然后，设计前向传播过程，需要考虑如何使模型能够更加有效地学习并从数据中提取特征，这通常涉及选择合适的激活函数、损失函数和优化器。构建模型的代码如下：

```
class MyAlexNet(nn.Module):
    def __init__(self):
        # super：引入父类的初始化函数给子类进行初始化
        super(MyAlexNet, self).__init__()
        self.c1 = nn.Conv2d(in_channels = 3, out_channels = 96, kernel_size = 11,
                  stride = 4 , padding = 2)
        self.ReLU = nn.ReLU()
        self.s1 = nn.MaxPool2d(kernel_size = 3, stride = 2)
        self.c2 = nn.Conv2d(in_channels = 96, out_channels = 256, kernel_size = 5,
                  stride = 1, padding = 2)
        self.s2 = nn.MaxPool2d(kernel_size = 3, stride = 2)
        self.c3 = nn.Conv2d(in_channels = 256, out_channels = 384, kernel_size = 3,
                  stride = 1, padding = 1)
        self.c4 = nn.Conv2d(in_channels = 384, out_channels = 384, kernel_size = 3,
                  stride = 1, padding = 1)
        self.c5 = nn.Conv2d(in_channels = 384, out_channels = 256, kernel_size = 3,
                  stride = 1, padding = 1)
        self.s5 = nn.MaxPool2d(kernel_size = 3, stride = 2)
```

```
        self.flatten = nn.Flatten()
        self.f6 = nn.Linear(6*6*256, 4096)
        self.f7 = nn.Linear(4096, 4096)
        self.f8 = nn.Linear(4096, 1000)
        self.f9 = nn.Linear(1000, 2)

    def forward(self, x):
        x = self.ReLU(self.c1(x))
        x = self.s1(x)
        x = self.ReLU(self.c2(x))
        x = self.s2(x)
        x = self.ReLU(self.c3(x))
        x = self.ReLU(self.c4(x))
        x = self.ReLU(self.c5(x))
        x = self.s5(x)
        x = self.flatten(x)
        x = self.f6(x)
        x = F.dropout(x, p = 0.5)
        x = self.f7(x)
        x = F.dropout(x, p = 0.5)
        x = self.f8(x)
        x = F.dropout(x, p = 0.5)
        x = self.f9(x)
        return x
```

上面的代码定义了一个名为 MyAlexNet 的类，用于构建 AlexNet 网络。

MyAlexNet 类继承自 nn.Module，这是 PyTorch 中所有神经网络模块的基类。

(1) 使用 __init__()函数定义了网络的架构。各层被定义为类的实例变量。以下是每个层的简要解释：

① self.c1：第 1 个卷积层，具有 3 个输入通道，96 个输出通道，卷积核大小为 11 × 11，步长为 4，填充参数为 2。

② self.ReLU：ReLU 激活函数。

③ self.s1：最大池化层，池化窗口大小为 3，步长为 2。

④ self.c2：第 2 个卷积层，具有 96 个输入通道，256 个输出通道，卷积核大小为 5 × 5，

步长为 1，填充参数为 2。

⑤ self.s2：最大池化层，池化窗口大小为 3，步长为 2。

⑥ self.c3、self.c4、self.c5：3 个卷积层，分别具有 256、384、384 个输入通道，对应的输出通道数是 384、384、256。它们的卷积核大小均为 3 × 3，步长均为 1，填充参数均为 1。

⑦ self.s5：最大池化层，池化窗口大小为 3，步长为 2。

⑧ self.flatten：将输入展平的层。

⑨ self.f6、self.f7：两个全连接层，其输入维度分别为 6 × 6 × 256 和 4096，输出维度均为 4096。

⑩ self.f8、self.f9：两个全连接层，其输入维度分别为 4096 和 1000，输出维度分别为 1000 和 2。

(2) 使用 forward()函数定义了前向传播过程，描述了各层之间的连接关系。输入 x 通过卷积、池化、激活函数、全连接和 dropout 等操作后，得到输出 x，最后返回 x 作为网络的输出。

6.2.4　训练模型

在完成数据集加载和模型构建之后，就需要训练模型。神经网络的训练是一个迭代过程，旨在优化网络参数，使得模型能够准确地从输入数据预测出正确的输出。在训练过程中，我们通常使用一个损失函数来衡量模型的预测值与真实值之间的差异，并使用梯度下降或其他优化算法来更新网络的权重和偏置项，以最小化这个损失函数。训练网络模型的代码如下：

```
def train(dataloader, model, loss_fn, optimizer):
    loss, current, n = 0.0, 0.0, 0

    for batch, (x, y) in enumerate(dataloader):
        image, y = x.to(device), y.to(device)
        output = model(image)
        cur_loss = loss_fn(output, y)
        _, pred = torch.max(output, axis = 1)
        cur_acc = torch.sum(y == pred)/output.shape[0]

        optimizer.zero_grad()
        cur_loss.backward()
```

```
            optimizer.step()
            loss += cur_loss.item()
            current += cur_acc.item()
            n = n + 1

    train_loss = loss / n
    train_acc = current / n
    print('train_loss == ' + str(train_loss))
    print('train_acc' + str(train_acc))
    return train_loss, train_acc
```

这段代码定义了一个名为 train 的函数，用于在训练集上训练模型并计算训练过程中的损失和准确率。

(1) 该函数包含 4 个参数：dataloader 用于批量加载训练数据，model 是待训练的模型，loss_fn 作为损失函数计算模型损失，而 optimizer 负责更新模型参数以优化性能。

(2) 变量初始化。loss、current、n 分别用于累计总损失、累计正确预测数和样本数量的变量，分别初始化为 0.0、0.0 和 0。

(3) 循环遍历训练集数据。在训练循环中，每个批次的数据首先被移动到相应的设备(例如 GPU)上，然后模型通过前向传播处理输入数据以获得输出。接着，利用损失函数来计算该批次数据的损失值，并通过 torch.max()函数来提取输出中的最大值及其索引，从而确定模型的预测类别。最后，通过比较预测值和实际标签来计算该批次的准确率，即正确预测的样本数量除以总样本数量。

(4) 反向传播和参数更新。在每个批次的训练结束后，首先通过 optimizer.zero_grad()清除梯度缓冲区，确保新的反向传播过程不会与旧的梯度累积。紧接着，执行 cur_loss.backward()进行反向传播，计算关于当前批次的梯度。最后，调用 optimizer.step()并根据计算出的梯度更新模型的参数，从而完成学习过程。

(5) 计算训练集的平均损失和平均准确率。在一个训练周期后，通过用累计的损失总和除以总样本数来计算训练集的平均损失，得到 train_loss。同样，用累计的正确预测数除以总样本数，可以得到训练集的平均准确率，即 train_acc。这两个指标共同衡量了模型在训练集上的性能。

(6) 返回训练集的平均损失和平均准确率并将其作为函数的输出。

6.2.5 验证模型

在完成模型训练之后，就需要验证模型。也就是将模型未见过的数据输入网络中，根据结果评估模型的优劣，并且确保模型没有过度拟合训练数据。在机器学习中，通常将数据分为训练集和测试集，有时还会有一个单独的验证集。模型在训练集上学习，在验证集上调整超参数，最后在测试集上进行最终评估。错误率和准确率等指标能够帮助我们更全面地理解模型的性能。验证模型的代码如下：

```
Def val(dataloader, model, loss_fn):
    loss, current, n = 0.0, 0.0, 0
    model.eval()
    with torch.no_grad():
        for batch, (x, y) in enumerate(dataloader):
             image, y = x.to(device), y.to(device)
            output = model(image)
            cur_loss = loss_fn(output, y)
            _, pred = torch.max(output, axis = 1)
            cur_acc = torch.sum(y == pred)/output.shape[0]
            loss += cur_loss.item()
            current += cur_acc.item()
            n = n+1

val_loss = loss / n
val_acc = current / n
print('val_loss=' + str(val_loss))
print('val_acc=' + str(val_acc))
return val_loss, val_acc
```

上面的代码定义了一个名为 val 的函数，用于在验证集上评估模型的性能。

(1) 该函数包含 3 个参数：dataloader 是验证集的数据加载器，负责按批次加载验证数据；model 是需要评估的模型；loss_fn 是损失函数，用于估算模型在验证数据上的损失。这些参数共同工作以评估模型的性能。

(2) 变量初始化。loss、current、n 分别用于累计总损失、累计正确预测数和样本数量的变量，分别初始化为 0.0、0.0 和 0。

(3) 使用 model.eval()函数将模型设置为评估模式，这会禁用模型中的 Batch Normalization 和 Dropout 层，以防止其改变权重。

(4) 使用 torch.no_grad()上下文管理器，禁用梯度计算，以减少内存消耗和加速计算。

(5) 循环遍历验证集的数据。对于每个批次，执行以下步骤：首先，将输入数据和对应的标签转移到计算设备(例如 GPU)上。然后，进行前向传播，将输入数据送入模型以获得预测结果。接着，利用损失函数来计算该批次的损失值并通过 torch.max()函数获取预测结果中的最大值及其索引，从而确定模型预测的类别。准确率的计算基于正确预测的样本数与批次中样本总数的比例。最后，更新整个验证过程中的累计损失、正确预测的数量以及处理的样本总数，以便评估模型的整体性能。

(6) 计算验证集的整体性能。通过用整个验证过程中累计的损失总和除以处理的样本总数来得到验证集的平均损失(val_loss)。用累计的正确预测数除以样本总数，得到验证集的平均准确率(val_acc)。这两个指标共同提供了模型在验证集上性能的量化评估。

6.2.6　预测模型

在完成上述过程之后，我们就可以得到一个较为优秀的模型。接下来就可以将图像输入训练的模型中，然后对输入模型中的数据完成预测。本模型主要用于对输入的猫狗图像进行预测，并输出预测结果。下面是预测猫狗图像的代码：

```
normalize = transforms.Normalize([0.5, 0.5, 0.5], [0.5, 0.5, 0.5])

val_transform = transforms.Compose([
    transforms.Resize((224, 224)),
    transforms.ToTensor(),
    normalize
])
val_dataset = ImageFolder(ROOT_TEST, transform=val_transform)

device = 'cuda' if torch.cuda.is_available() else 'cpu'

model = MyAlexNet().to(device)

model.load_state_dict(torch.load(r'.\save_model\best_model.pth'))

classes = [
    "cat",
    "dog"
]
```

```
show = ToPILImage()

model.eval()
for i in range(30):
    x, y = val_dataset[i][0], val_dataset[i][1]

    show(x).show()
    x = Variable(torch.unsqueeze(x, dim=0).float(), requires_grad=False).to(device)
    with torch.no_grad():
        pred = model(x)

        predicted, actual = classes[torch.argmax(pred[0])], classes[y]

        print(f'predicted:"{predicted}", actual:"{actual}"')
```

代码解释如下：

(1) 使用 transforms.Normalize()函数创建了一个 Normalize 变换，它会将输入图像的每个通道的像素值标准化。

(2) 使用 transforms.Compose()函数定义了一系列图像预处理步骤，包括调整图像大小为 224 × 224(常用于 AlexNet 模型)，将图像转换为 PyTorch 张量，然后应用上面定义的标准化像素值。

(3) 使用 ImageFolder()函数创建了一个用于验证的数据集，它会从 ROOT_TEST 目录加载图像，并对这些图像应用 val_transform 预处理。

(4) MyAlexNet().to()用于初始化一个自定义的 AlexNet 模型实例，并将其传输到之前确定的设备(如 GPU 或 CPU)。

(5) model.load_state_dict()用于加载保存的模型权重。

(6) 使用 classes = ["cat", "dog"]定义一个类别列表，用于将模型输出的索引转换为人类可读的类别名称。

(7) ToPILImage()函数用于创建一个转换，可以将 PyTorch 张量转换为 PIL 图像，以便可以显示图像。

(8) model.eval()函数用于将模型设置为评估模式。这通常在模型评估和测试时使用，以确保所有训练过程中才会使用的特定层(如 dropout)都是关闭的。

(9) x = Variable(torch.unsqueeze().to()用于给图像张量添加一个额外的维度，以转换为

float 类型，并将其传输到正确的设备。

(10) model()用于对输入的图像 x 进行预测，从而得到输入图片的预测结果。

预测结果如图 6-3 所示。

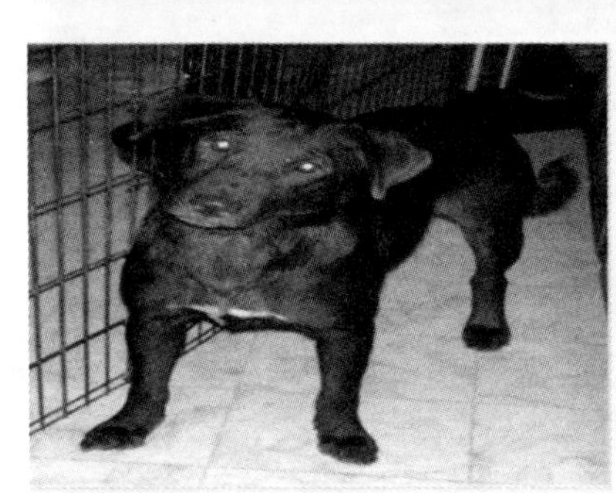
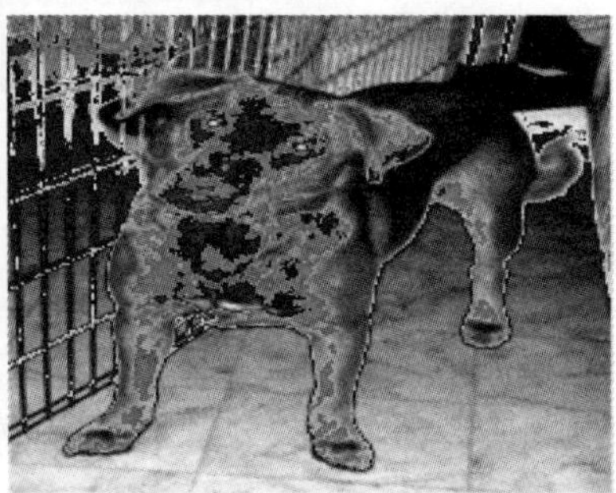

图 6-3　实验结果图

第 7 章
目标检测(以晶圆表面缺陷检测为例)

晶圆表面缺陷检测是半导体制造过程中的关键环节，它涉及对晶圆表面的细微缺陷进行准确的检测和分类。本章讨论的晶圆表面缺陷有 waterlogging(水渍)、pollution(污染)、defect(缺陷)和 pellet(颗粒)，下面是一些相关的缺陷图片。

waterlogging 缺陷如图 7-1 所示。

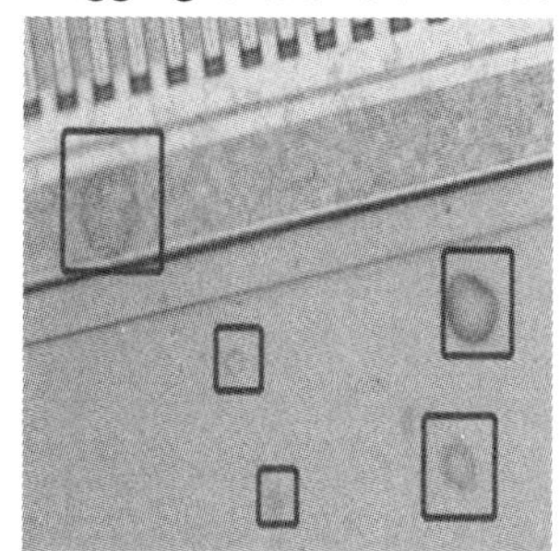
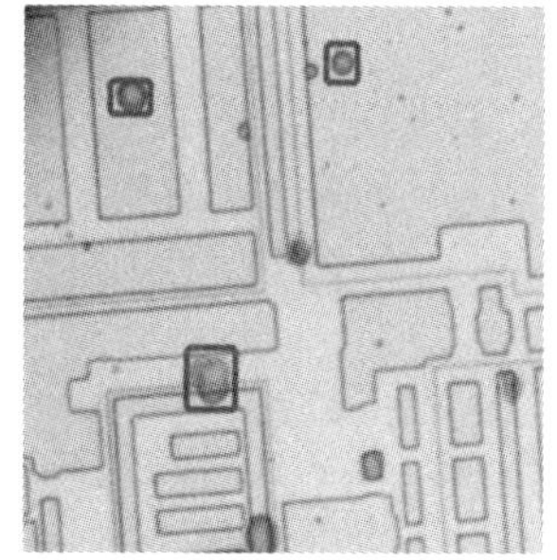

图 7-1　waterlogging 缺陷图

pollution 缺陷如图 7-2 所示。

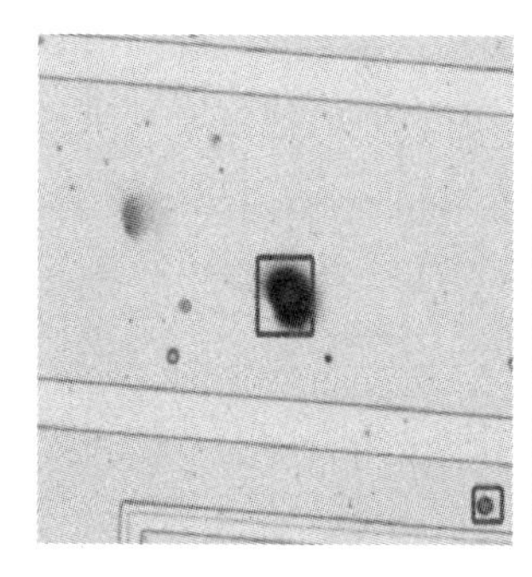
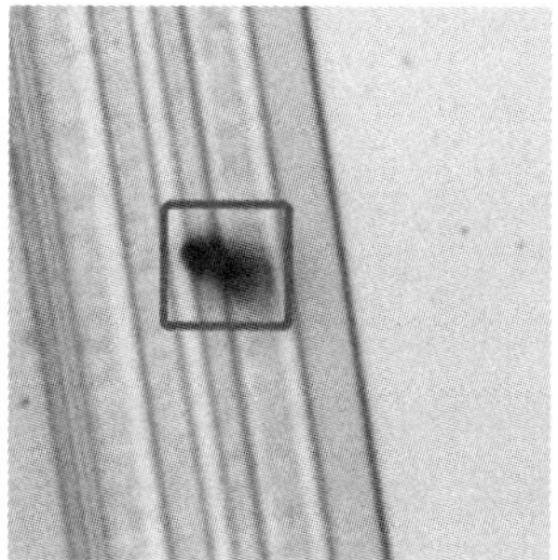
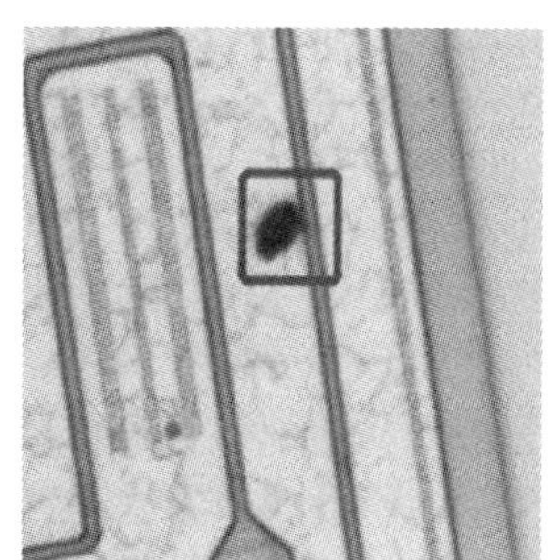

图 7-2　pollution 缺陷图

defect 缺陷如图 7-3 所示。

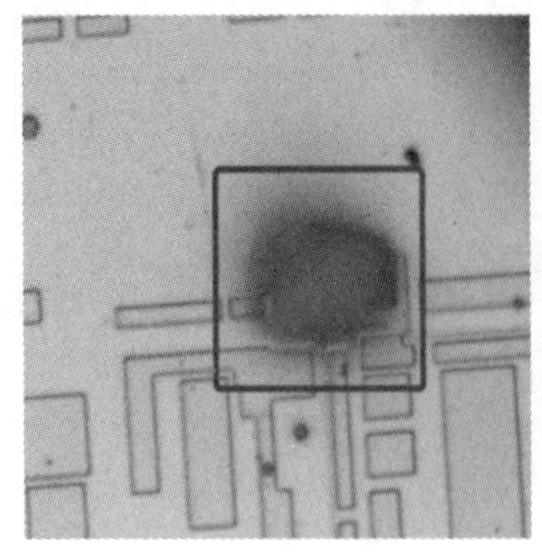
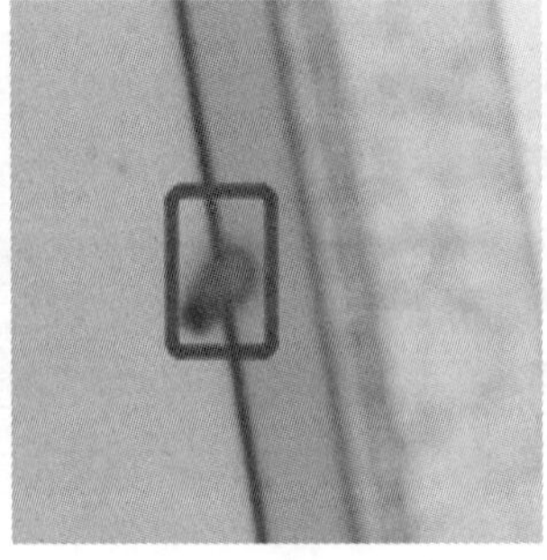
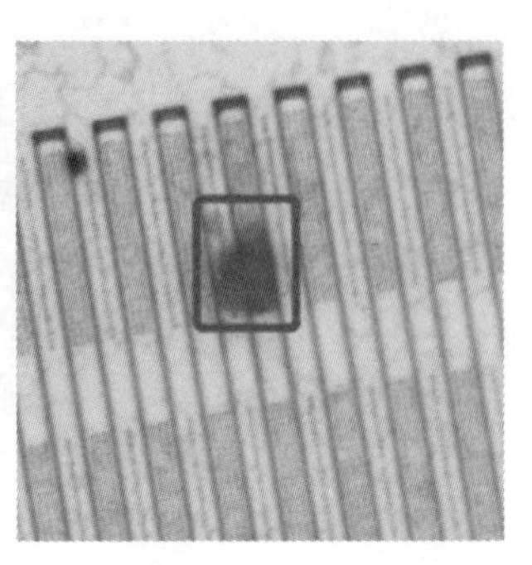

图 7-3 defect 缺陷图

pellet 缺陷如图 7-4 所示。

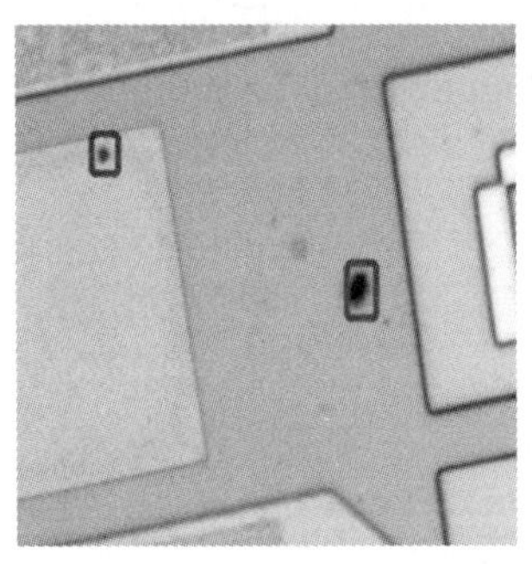
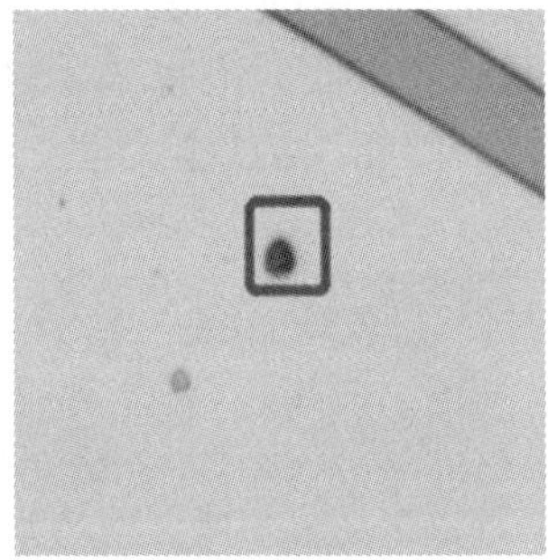
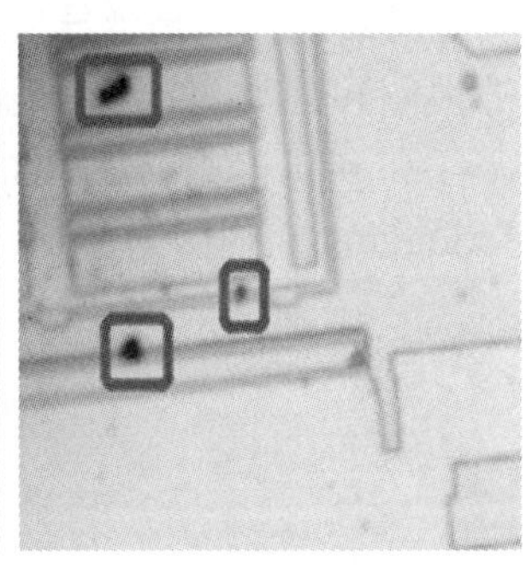

图 7-4 pellet 缺陷图

晶圆作为半导体芯片的基础材料，其表面缺陷可能导致芯片性能下降甚至完全失效。因此，快速、准确地检测和区分晶圆表面缺陷对于保证产品质量至关重要。近年来，YOLO(You Only Look Once)网络作为一种先进的目标检测算法，被广泛应用于晶圆表面缺陷检测任务中。

YOLO 网络通过将晶圆图像划分为网格，并利用 CNN 进行特征提取，实现对缺陷目标的快速检测和准确定位。本章将详细介绍 YOLO 的网络架构、损失函数以及训练过程中的关键技术，为读者展示如何利用 YOLO 网络实现高效、准确的晶圆表面缺陷检测。

通过学习本章内容，读者将深入了解晶圆表面缺陷检测的背景和挑战，掌握 YOLO 网络在晶圆表面缺陷检测中的应用原理和技术，为半导体制造过程中的缺陷检测提供实用的工具和方法，并促进半导体行业的质量控制和生产效率提升。

本章我们会将理论部分和实践部分的相关知识进行综合应用：

(1) 第 2 章介绍的回归模型、激活函数、梯度下降和损失函数等在本章都有相应的应用。

(2) 第 3 章介绍的 CNN 是深度学习中最常用的网络结构之一，它在图像处理任务中取得了显著的成功。在晶圆表面缺陷检测中，CNN 可以有效地学习和提取缺陷图像的特征，有助于实现准确的检测和分类。

(3) 第 4 章和第 5 章介绍的数据增强也在本章中有所应用。晶圆表面缺陷数据集往往较小，数据增强技术可以通过对训练数据进行随机变换和扩充，生成多样化的样本。

7.1　目标检测任务

目标检测是计算机视觉领域的一项重要任务，旨在识别图像或视频中的目标对象，并准确地确定其位置和边界框。目标检测在许多应用领域中具有广泛的用途，如智能监控、自动驾驶、物体识别等。

目标检测任务通常包含以下几个关键步骤。

(1) 数据收集和标注。在目标检测任务中，首先需要收集具有代表性的图像或视频数据集，并对其中的目标对象进行标注。标注过程包括确定目标的类别和位置信息，常用的标注格式包括边界框(Bounding Box)和像素级掩膜(Mask)。

(2) 特征提取。目标检测的关键是从图像中提取有用的特征。传统的方法通常使用手工设计的特征提取器，如 Haar、HOG 等。而深度学习方法通过 CNN 自动学习特征表示，如 VGG、ResNet 等。

(3) 候选区域生成。在目标检测中，由于图像中可能存在大量的候选目标区域，为了提高效率，通常先生成一些候选区域。常用的方法包括滑动窗口、选择性搜索(Selective Search)和区域建议网络(Region Proposal Network)等。

(4) 目标分类和定位。通过将候选区域输入分类器中，对每个区域进行目标分类和边界框回归。分类器通常采用 softmax 分类器或支持向量机(SVM)，而边界框回归用于进一步优化目标的位置和大小。

(5) 后处理。为了提高检测结果的准确性，通常会进行一些后处理操作。例如采用非极大值抑制(Non-Maximum Suppression)，通过删除高度重叠的边界框来获得最终的目标检测结果。

近年来，深度学习方法在目标检测任务中取得了显著的突破。特别是一些基于深度学习的目标检测框架，如 Faster R-CNN、YOLO(You Only Look Once)和 SSD(Single Shot MultiBox Detector)等，实现了更高的检测精度和实时性能。

总而言之，目标检测是计算机视觉中一项具有挑战性的任务，涉及数据收集和标注、特征提取、候选区域生成、目标分类和定位，以及后处理等关键步骤。

7.2 YOLO 网络

7.2.1 YOLOv5 概述

在过去的几年中，深度学习的发展引发了目标检测领域的巨大进步。其中，YOLO 系列模型以其高效的实时检测能力受到了广泛关注。本章重点介绍 YOLOv5 模型，它是 YOLO 系列中较新、较强大的版本之一。

YOLOv5 是一种基于深度卷积神经网络的目标检测模型。它的核心思想是将目标检测任务转化为一个回归问题，通过网络直接预测目标的边界框和类别概率。相比于传统的两阶段目标检测方法，YOLOv5 采用了单阶段的检测策略，从而实现了更快的检测速度和更高的准确率。

YOLOv5 模型由一系列卷积层、池化层和连接层组成。其中，最核心的组件是特征提取网络和检测头。特征提取网络负责从输入图像中提取特征信息，而检测头则根据这些特征进行目标检测的预测。YOLOv5 模型还引入了一种自适应模型缩放机制，可以适应不同尺度的目标。

与之前的 YOLO 版本相比，YOLOv5 在多个方面进行了改进和优化。首先，它引入了一种新的网络架构，包括一系列的 SPP(Spatial Pyramid Pooling，空间金字塔池化)和 PAN(Path Aggregation Network，路径聚合网络)模块，用于提取多尺度的特征。这些模块能够有效地捕捉目标在不同尺度上的特征信息，提高了检测的准确性。其次，YOLOv5 还采用了一种数据增强的方法，包括随机缩放、随机裁剪、颜色抖动等，用于增加模型对不同场景和光照条件的鲁棒性。同时，为了解决目标类别不平衡的问题，YOLOv5 引入了 Focal Loss(聚焦损失)和类别平衡策略，使模型能够更好地处理大量背景类别和少量目标类别的样本。下面我们详细讲述 YOLOv5 的相关内容。

7.2.2 YOLOv5 网络结构

YOLOv5 模型由四部分组成，即输入层、Backbone、Neck、Head。其中，输入层一般是若干张图像，Backbone 层由 Conv、C3、SPPF 模块组成。

1. Conv 模块

Conv 模块为复合卷积模块，由一个卷积加批量归一化和激活函数 3 个基础模块组成，其基本结构如图 7-5 所示。

图 7-5　Conv 结构

该层的处理流程是：卷积→批量归一化→SILU 激活函数。

PyTorch 代码如下：

```
# same 卷积时进行边缘填充的计算
def autopad(k, p=None): # kernel, padding
    if p is None:
        p = k // 2 if isinstance(k, int) else [x // 2 for x in k]
        return p
class Conv(nn.Module):
# 初始化标准卷积
    def __init__(self, c1, c2, k = 1, s = 1, p = None, g = 1, act = True):
        super().__init__()
        self.conv = nn.Conv2d(c1, c2, k, s, autopad(k, p), groups = g, bias = False)
        self.bn = nn.BatchNorm2d(c2)
        self.act = nn.SiLU() if act is True else (act if isinstance(act, nn.Module) else nn.Identity())
    # 定义前向传播
    def forward(self, x):
        return self.act(self.bn(self.conv(x)))
    # 定义前向传播
    def forward_fuse(self, x):
          return self.act(self.conv(x))
```

上面的代码定义了一个卷积层的类(Conv)，具体处理流程如下：

(1) autopad()函数用于计算卷积时的边缘填充(padding)大小。如果没有指定填充大小(p)，则默认将卷积核大小(k)除以 2 并向下取整，得到填充大小。如果卷积核大小是一个整数，则返回一个大小为 1 的填充列表，其中元素为卷积核大小除以 2 后向下取整的结果。

(2) Conv 类的构造函数接收输入通道数(c1)、输出通道数(c2)、卷积核大小(k)、步长(s)、填充大小(p)、组数(g)和是否使用激活函数(act)作为参数。它首先创建一个 nn.Conv2d 对象，实现标准的二维卷积操作，其中包括指定输入通道数、输出通道数、卷积核大小、步长、填充大小和组数等参数。然后，它创建一个 nn.BatchNorm2d 对象，用于批量归一化操作。最后，根据激活函数参数的不同，选择使用 nn.SiLU()作为激活函数，或者根据参数是否为 nn.Module 类型来选择使用自定义的激活函数或者 nn.Identity()恒等函数。

(3) forward()函数实现了卷积层的前向传播过程。它首先对输入数据进行卷积操作，然后应用批量归一化和激活函数。

(4) forward_fuse()函数类似于 forward()函数，但不包括批量归一化操作。它只对输入数据进行卷积操作并应用激活函数。

总体而言，这段代码定义了一个灵活的卷积层类，可以根据输入的参数配置来创建不同配置的卷积层，并支持批量归一化和激活函数的选择。

2. Bottleneck 残差块

Bottleneck 为基本残差块，能有效避免梯度消失的问题，被堆叠嵌入 C3 模块中，Bottleneck 的结构如图 7-6 所示。

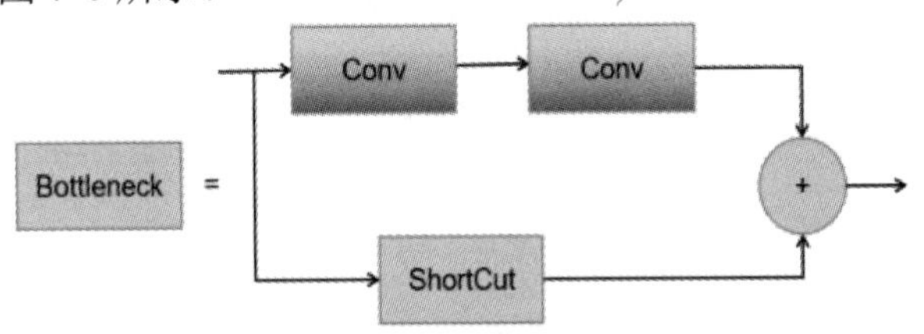

图 7-6　Bottleneck 结构

该层的处理流程是：卷积→卷积→add 操作。

PyTorch 代码如下：

```
class Bottleneck(nn.Module):
# 初始化 bottleneck 网络
    def __init__(self, c1, c2, shortcut = True, g = 1, e = 0.5):
        super().__init__()
        c_ = int(c2 * e) # 隐藏通道数
        self.cv1 = Conv(c1, c_, 1, 1)
        self.cv2 = Conv(c_, c2, 3, 1, g=g)
        self.add = shortcut and c1 == c2
    # 定义前向传播
    def forward(self, x):
        return x + self.cv2(self.cv1(x)) if self.add else self.cv2(self.cv1(x))
```

这段代码定义了一个标准的瓶颈块(Bottleneck)类，用于构建深度残差网络中的瓶颈结构。代码解释具体如下：

(1) Bottleneck 类的构造函数接收输入通道数(c1)、输出通道数(c2)、是否使用残差链接(shortcut)、组数(g)和隐藏通道数的扩大系数(e)作为参数。

(2) 在构造函数中，首先根据隐藏通道数的扩大系数(e)计算隐藏通道数(c_)，即通过将输出通道数(c2)乘以扩大系数的值并取整得到。

(3) Bottleneck 类包含两个卷积层对象：cv1 和 cv2。cv1 是一个 1 × 1 的卷积层，用于降低输入通道数(c1)到隐藏通道数(c_)，不改变特征图的尺寸。cv2 是一个 3 × 3 的卷积层，用于对隐藏通道数(c_)进行卷积操作，并将其输出通道数增加到 c2。可以通过设置组数(g)来进行分组卷积操作。

(4) add 变量用于确定是否需要进行残差链接。如果残差链接被启用(shortcut=True)，并且输入通道数(c1)与输出通道数(c2)相同，则将 add 设置为 True。

(5) forward()函数实现了瓶颈块的前向传播过程。它首先将输入数据通过 cv1 进行卷积操作，然后将结果输入 cv2 再进行卷积操作。如果需要进行残差链接，则将输入数据与经过 cv2 的结果相加，否则只返回 cv2 的输出。

瓶颈块通过使用 1 × 1 和 3 × 3 的卷积层来减少和增加通道数，并提供了残差链接的选项。这种结构能够有效地提高网络的表达能力和特征提取能力。

3. C3 模块

C3 模块中输入特征图会通过两个分支：一个分支先经过一个 Conv 模块，之后通过堆叠的 Bottleneck 残差模块对特征进行学习；另一分支仅通过一个 Conv 模块。最终将两个分支按通道进行拼接后，再通过一个 Conv 模块进行输出。C3 模块的结构如图 7-7 所示。

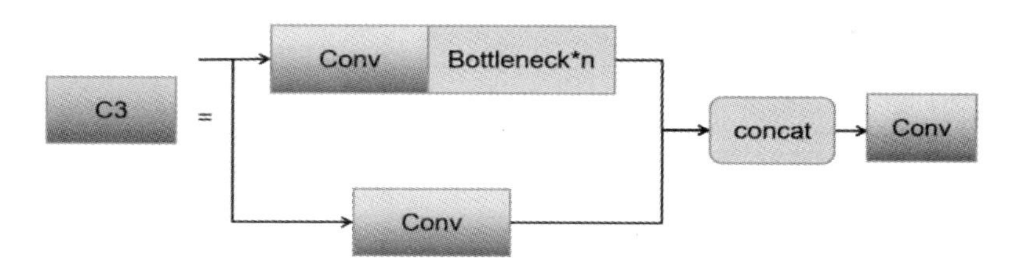

图 7-7　C3 结构

PyTorch 代码如下：

```
class C3(nn.Module):
    # 初始化 C3 网络
    def __init__(self, c1, c2, n = 1, shortcut = True, g = 1, e = 0.5):
        super().__init__()
        c_ = int(c2 * e)
```

```
        self.cv1 = Conv(c1, c_, 1, 1)
        self.cv2 = Conv(c1, c_, 1, 1)
        self.cv3 = Conv(2 * c_, c2, 1) # act=FReLU(c2)
        self.m = nn.Sequential(*(Bottleneck(c_, c_, shortcut, g, e=1.0) for _ in range(n)))
    # 定义前向传播
    def forward(self, x):
        return self.cv3(torch.cat((self.m(self.cv1(x)), self.cv2(x)), dim=1))
```

这段代码定义了一个 C3 块(C3 Block)，它是由多个瓶颈块(Bottleneck)组成的模块。

(1) C3 类的构造函数接收输入通道数(c1)、输出通道数(c2)、重复次数(n)、是否使用残差链接(shortcut)、组数(g)和隐藏通道数的扩大系数(e)作为参数。

(2) 在构造函数中，首先根据隐藏通道数的扩大系数(e)计算隐藏通道数(c_)，即通过将输出通道数(c2)乘以扩大系数的值并取整得到。

(3) C3 类包含三个卷积层对象：cv1、cv2 和 cv3。cv1 和 cv2 都是 1×1 的卷积层，用于将输入通道数(c1)分别降低到隐藏通道数(c_)。cv3 是一个 1×1 的卷积层，用于将两倍的隐藏通道数(2*c_)增加到输出通道数(c2)。这里通道数的变化是为了进行特征融合。

(4) m 变量是一个 nn.Sequential 模块，其中包含多个瓶颈块(Bottleneck)对象。这些瓶颈块共享相同的隐藏通道数(c_)和扩大系数(e=1.0)，重复次数由参数 n 指定。

(5) forward()函数实现了 C3 块的前向传播过程。它首先将输入数据分别通过 cv1 和 cv2 进行卷积操作，然后将两个结果进行拼接(Concatenate)。接下来，将拼接的结果输入瓶颈块序列 m 中进行特征提取。最后，将瓶颈块的输出和 cv3 的输出进行拼接并返回。

C3 块通过使用 1×1 和 3×3 的卷积层进行通道数的调整和特征融合。它可以用于构建深度残差网络中的主要模块，以提高网络的表达能力和特征提取能力。

4. SPPF 模块

SPPF 模块是空间金字塔池化模块，可以扩大感受野，其结构如图 7-8 所示。

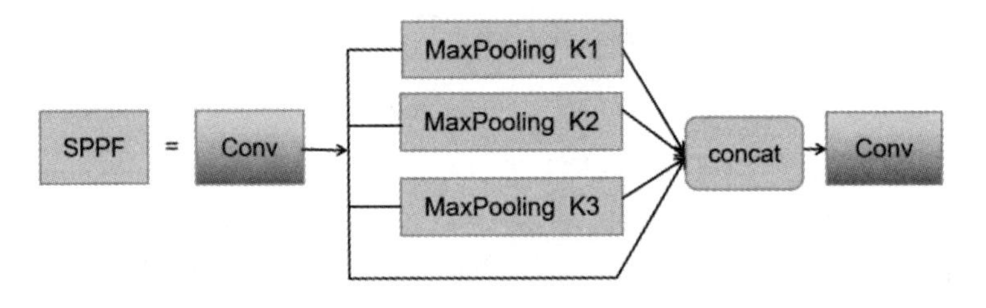

图 7-8　SPPF 结构

先让输入经过一个 Conv 模块，以使通道数减半，然后分别做三种不同卷积核的最大池化下采样，再将三种池化结果与池化前的特征图按通道进行拼接，合并后的通道数为原来的两倍。

假设输入是 640 × 640 × 128，输出通道数为 128。该层的处理流程是：卷积→三个分支的 MaxPooling→卷积的输出和三个 MaxPooling 的输出 concat→卷积。

(1) 卷积：用 64 个大小为 1 × 1 × 3 的卷积核进行卷积操作，并设置边缘填充参数 padding = 1，卷积步长参数 stride = 1，完成对输入特征图通道数的调整，最后输出大小为 640 × 640 × 64 的特征图。

(2) MaxPooling K1：对卷积后的特征图进行最大池化，卷积核为 5 × 5 × 3，并设置边缘填充参数 padding = 2，卷积步长参数 stride = 1，最后输出大小为 640 × 640 × 64 的特征图。

(3) MaxPooling K2：对卷积后的特征图进行最大池化，卷积核为 9 × 9 × 3，并设置边缘填充参数 padding = 4，卷积步长参数 stride = 1，最后输出大小为 640 × 640 × 64 的特征图。

(4) MaxPooling K3：对卷积后的特征图进行最大池化，卷积核为 13 × 13 × 3，并设置边缘填充参数 padding = 6，卷积步长参数 stride = 1，最后输出大小为 640 × 640 × 64 的特征图。

(5) concat：对第(1)、(2)、(3)、(4)步的输出特征图进行特征融合，本质上是将输入特征图按照通道维度进行堆叠，最后输出大小为 640 × 640 × 256 的特征图。

(6) 卷积：对于第(5)步输出的大小为 640 × 640 × 256 的特征图，使用 128 个大小为 1 × 1 × 3 的卷积核进行卷积操作，并设置边缘填充参数 padding = 1，卷积步长参数 stride = 1，完成对输入特征图通道数的调整，最后输出大小为 640 × 640 × 128 的特征图。

PyTorch 代码如下：

```
class SPPF(nn.Module):
    # 初始化 SPPF 网络
    def __init__(self, c1, c2, k = 5):
        super().__init__()
        c_ = c1 // 2
        self.cv1 = Conv(c1, c_, 1, 1)
        self.cv2 = Conv(c_ * 4, c2, 1, 1)
        self.m = nn.MaxPool2d(kernel_size = k, stride=1, padding = k // 2)
    # 定义前向传播
    def forward(self, x):
        x = self.cv1(x)
        y1 = self.m(x)
        y2 = self.m(y1)
        return self.cv2(torch.cat([x, y1, y2, self.m(y2)], 1))
```

这段代码定义了一个 SPPF 块。

(1) SPPF 类的构造函数接收输入通道数(c1)、输出通道数(c2)和池化核大小(k)作为参数。

(2) 在构造函数中，首先将输入通道数(c1)除以 2 并取整，得到隐藏通道数(c_)。

(3) SPPF 类包含两个卷积层对象：cv1 和 cv2。cv1 是一个 1 × 1 的卷积层，用于将输入通道数(c1)降低到隐藏通道数(c_)。cv2 是一个 1 × 1 的卷积层，用于将隐藏通道数(c_)增加到输出通道数(c2)。

(4) m 变量是一个 nn.MaxPool2d 模块，它进行最大池化操作。池化核大小由参数 k 指定，stride 为 1，padding 为 k 除以 2 并取整。这里的最大池化操作用于提取不同尺度下的空间信息。

(5) forward()函数实现了 SPPF 块的前向传播过程。首先将输入数据通过 cv1 进行卷积操作，然后将卷积结果分别进行两次最大池化操作，得到 y1 和 y2。接下来，将卷积结果 x、y1、y2 以及对 y2 的第二次最大池化操作的结果进行拼接(Concatenate)。最后，将拼接的结果输入 cv2 进行卷积操作，并返回结果。

SPPF 块利用最大池化操作提取不同尺度下的空间信息，并将这些信息与卷积结果进行特征融合。这种结构有助于增强网络对不同尺度目标的感知能力，并提升网络的表达能力和特征提取能力。

YOLOv5 网络的整体架构如图 7-9 所示。

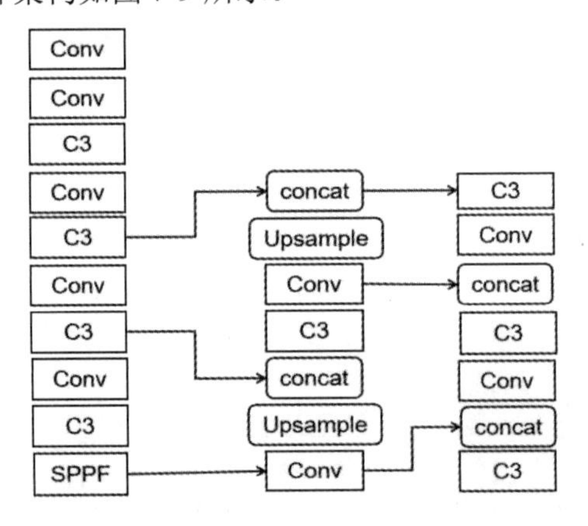

图 7-9　YOLOv5 网络的整体架构

7.2.3　YOLOv5s 各层参数详解

YOLOv5 模型有 n、s、m、l 和 x 这 5 种版本，这些模型在网络深度、参数量和模型大小等方面有所差别。本节以输入大小为 640 × 640 × 3 的图像为例，介绍 YOLOv5s 的各层参数。其中，depth_multiple(控制网络的深度)为 0.33，width_multiple(控制网络的宽度)为 0.50。

1. 输入层

输入像素大小为 640 × 640 × 3 的图像。

2. Conv 模块——将大小为 640 × 640 × 3 的图像下采样为 320 × 320 × 32 大小的特征图

在该层，输入大小为 640 × 640 × 3 的图像，经过 32(64 × 0.50(width_multiple))个大小为 6 × 6 × 3 卷积核进行卷积操作，并设置边缘填充参数 padding = 2，卷积步长参数 stride = 2，输出大小为 320 × 320 × 32 的特征图。然后经过批量归一化和 SiLU 激活函数处理，最终输出大小为 320 × 320 × 32 的特征图。

3. Conv 模块——将大小为 320 × 320 × 32 的特征图下采样为 160 × 160 × 64 大小的特征图

在该层，输入大小为 320 × 320 × 32 的特征图，经过 64(128 × 0.50(width_multiple))个大小为 3 × 3 × 3 的卷积核进行卷积操作，并设置边缘填充参数 padding = 1，卷积步长参数 stride = 2，输出大小为 160 × 160 × 64 的特征图。然后经过批量归一化和 SiLU 激活函数处理，最终输出大小为 160 × 160 × 64 的特征图。

4. C3 模块——对大小为 160 × 160 × 64 的特征图进行特征提取

在该层，输入大小为 160 × 160 × 64 的特征图，先经过一个 Conv 模块，即输入经过 32(128 × 0.50(width_multiple) × 0.5(残差值))个大小为 1 × 1 × 3 的卷积核进行卷积操作，并设置步长参数 stride = 1，边缘填充参数 padding = 0，调整通道数，输出大小为 160 × 160 × 32 的特征图。然后再经过 1(3 × 0.33(depth_multiple)向上取整)个 Bottleneck 模块，输出大小为 160 × 160 × 32 的特征图。对输入 Bottleneck 的特征图和经过 Bottleneck 后输出的特征图进行 concat，得到 160 × 160 × 64 的特征图。对 concat 后的结果进行 Conv，即经过 64 个大小为 1 × 1 × 3 的卷积核进行卷积操作，并设置步长参数 stride = 1，边缘填充参数 padding = 0，输出大小为 160 × 160 × 64 的特征图。

5. Conv 模块——将大小为 160 × 160 × 64 的特征图下采样为 80 × 80 × 128 大小的特征图

在该层，输入大小为 160 × 160 × 64 的特征图，经过 128(256 × 0.50(width_multiple))个大小为 3 × 3 × 3 的卷积核进行卷积操作，并设置边缘填充参数 padding = 1，卷积步长参数 stride = 2，输出大小为 80 × 80 × 128 的特征图。然后经过批量归一化和 SiLU 激活函数处理，最终输出大小为 80 × 80 × 128 的特征图。

6. C3 模块——对大小为 80 × 80 × 128 的特征图进行特征提取

在该层，输入大小为 80 × 80 × 128 的特征图，先经过一个 Conv 模块，即输入经过

64(256 × 0.50(width_multiple) × 0.5(残差值))个大小为 1 × 1 × 3 的卷积核进行卷积操作，并设置步长参数 stride = 1，边缘填充参数 padding = 0，调整通道数，输出大小为 80 × 80 × 64 的特征图。然后再经过 2(6 × 0.33(depth_multiple)向上取整)个 Bottleneck 模块，输出大小为 80 × 80 × 64 的特征图。对输入 Bottleneck 的特征图和经过 Bottleneck 后输出的特征图进行 concat，得到 80 × 80 × 128 的特征图。对 concat 后的结果进行 Conv，即经过 128 个大小为 1 × 1 × 3 的卷积核进行卷积操作，并设置步长参数 stride = 1，边缘填充参数 padding = 0，输出大小为 80 × 80 × 128 的特征图。

7. Conv 模块——将大小为 80 × 80 × 128 的特征图下采样为 40 × 40 × 256 大小的特征图

在该层，输入大小为 80 × 80 × 128 的特征图，经过 256(512 × 0.50(width_multiple))个大小为 3 × 3 × 3 的卷积核进行卷积操作，并设置边缘填充参数 padding = 1，卷积步长参数 stride = 2，输出大小为 40 × 40 × 256 的特征图。然后经过批量归一化和 SiLU 激活函数处理，最终输出大小为 40 × 40 × 256 的特征图。

8. C3 模块——对大小为 40 × 40 × 256 的特征图进行特征提取

在该层，输入大小为 40 × 40 × 256 的特征图，先经过一个 Conv 模块，即输入经过 128(512 × 0.50(width_multiple) × 0.5(残差值))个大小为 1 × 1 × 3 的卷积核进行卷积操作，并设置步长参数 stride = 1，边缘填充参数 padding = 0，调整通道数，输出大小为 40 × 40 × 128 的特征图。然后再经过 3(9 × 0.33(depth_multiple)向上取整)个 Bottleneck 模块，输出大小为 40 × 40 × 128 的特征图。对输入 Bottleneck 的特征图和经过 Bottleneck 后输出的特征图进行 concat，得到 40 × 40 × 256 的特征图。对 concat 后的结果进行 Conv，即经过 256 个大小为 1 × 1 × 3 的卷积核进行卷积操作，并设置步长参数 stride = 1，边缘填充参数 padding = 0，输出大小为 40 × 40 × 256 的特征图。

9. Conv 模块——将大小为 40 × 40 × 256 的特征图下采样为 20 × 20 × 512 大小的特征图

在该层，输入大小为 40 × 40 × 256 的特征图，经过 512(1025 × 0.50(width_multiple))个大小为 3 × 3 × 3 的卷积核进行卷积操作，并设置边缘填充参数 padding = 1，卷积步长参数 stride = 2，输出大小为 20 × 20 × 512 的特征图。然后经过批量归一化和 SiLU 激活函数处理，最终输出大小为 20 × 20 × 512 的特征图。

10. C3 模块——对大小为 20 × 20 × 512 的特征图进行特征提取

在该层，输入大小为 20 × 20 × 512 的特征图，先经过一个 Conv 模块，即输入经过 256(1024 × 0.50(width_multiple) × 0.5(残差值))个大小为 1 × 1 × 3 的卷积核进行卷积操作，并设置步长参数 stride = 1，边缘填充参数 padding = 0，调整通道数，输出大小为 20 × 20 × 256 的特征图。然后再经过 3(9 × 0.33(depth_multiple)向上取整)个 Bottleneck 模块，输出大小为 20 × 20 × 256 的特征图。对输入 Bottleneck 的特征图和经过 Bottleneck 后输出的特征图进行 concat，得到 20 × 20 × 512 的特征图。对 concat 后的结果进行 Conv，即经过 512 个大小为 1 × 1 × 3 的卷积核进行卷积操作，并设置步长参数 stride = 1，边缘填充参数 padding = 0，输出大小为 20 × 20 × 512 的特征图。

11. SPPF 模块

在该层，输入大小为 20 × 20 × 512 的特征图，经过 SPPF 模块，最终输出大小为 20 × 20 × 512 的特征图。

12. Conv 模块——将大小为 20 × 20 × 512 的特征图下采样为 20 × 20 × 512 大小的特征图

在该层，输入大小为 20 × 20 × 512 的特征图，经过 256(512 × 0.50(width_multiple))个大小为 1 × 1 × 3 的卷积核进行卷积操作，并设置边缘填充参数 padding=0，卷积步长参数 stride = 1，输出大小为 20 × 20 × 256 的特征图。然后经过批量归一化和 SiLU 激活函数处理，最终输出大小为 20 × 20 × 256 的特征图。

13. Upsample 模块——将大小为 20 × 20 × 256 的特征图上采样为 40 × 40 × 256 大小的特征图

在该层，输入大小为 20 × 20 × 256 的特征图，经过上采样，输出大小为 40 × 40 × 256 的特征图。

14. Concat 模块——将第 13 层的特征图与第 8 层的特征图在通道方向上叠加

在该层，将第 13 层的输出与第 8 层的输出在通道方向上进行叠加，得到大小为 40 × 40 × 512 的特征图。

15. C3 模块——对大小为 40 × 40 × 512 的特征图进行特征提取

在该层，输入大小为 40 × 40 × 512 的特征图，先经过一个 Conv 模块，即输入经过 128(512 × 0.50(width_multiple) × 0.5(残差值))个大小为 1 × 1 × 3 的卷积核进行卷积操作，并设置步长参数 stride = 1，边缘填充参数 padding = 0，调整通道数，输出大小为 40 × 40 × 128 的特征图。然后再经过 1(3 × 0.33(depth_multiple)向上取整)个 Bottleneck 模块，输出大小为 40 × 40 × 128 的特征图。对输入 Bottleneck 的特征图和经过 Bottleneck 后输出的特征图进行 concat，得到 40 × 40 × 256 的特征图。对 concat 后的结果进行 Conv，即经过 256 个大小为 1 × 1 × 3 的卷积核进行卷积操作，并设置步长参数 stride = 1，边缘填充参数 padding = 0，输出大小为 40 × 40 × 256 的特征图。

16. Conv 模块——将通道数为 256 的特征图调整为通道数为 128 的特征图

在该层，输入大小为 40 × 40 × 256 的特征图，经过 128(256 × 0.50(width_multiple)) 个大小为 1 × 1 × 3 的卷积核进行卷积操作，并设置边缘填充参数 padding = 0，卷积步长参数 stride = 1，输出大小为 40 × 40 × 128 的特征图。然后经过批量归一化和 SiLU 激活函数处理，最终输出大小为 40 × 40 × 128 的特征图。

17. Upsample 模块——将大小为 40 × 40 × 128 的特征图上采样为 80 × 80 × 128 大小的特征图

在该层，输入大小为 40 × 40 × 128 的特征图，经过上采样，输出大小为 80 × 80 × 128 的特征图。

18. Concat 模块——将第 17 层的特征图与第 6 层的特征图在通道方向上叠加

在该层，将第 17 层的输出与第 6 层的输出在通道方向上进行叠加，得到大小为 80 × 80 × 256 的特征图。

19. C3 模块——对大小为 80 × 80 × 256 的特征图进行特征提取

在该层，输入大小为 80 × 80 × 256 的特征图，先经过一个 Conv 模块，即输入经过 64(256 × 0.50(width_multiple) × 0.5(残差值))个大小为 1 × 1 × 3 的卷积核进行卷积操作，并设置步长参数 stride = 1，边缘填充参数 padding = 0，调整通道数，输出大小为 80 × 80 × 64 的特征图。然后再经过 2(6 × 0.33(depth_multiple)向上取整)个 Bottleneck 模块，输出大小为 80 × 80 × 64 的特征图。对输入 Bottleneck 的特征图和经过 Bottleneck 后输出的特征图进行 concat，得到 80 × 80 × 128 的特征图。对 concat 后的结果进行 Conv，即经过 128 个大小为 1 × 1 × 3 的卷积核进行卷积操作，并设置步长参数 stride = 1，边缘填充参数 padding = 0，输出大小为 80 × 80 × 128 的特征图。

20. Conv 模块——将大小为 80 × 80 × 128 的特征图下采样为 40 × 40 × 128 大小的特征图

在该层，输入大小为 80 × 80 × 128 的特征图，经过 128(256 × 0.50(width_multiple)) 个大小为 3 × 3 × 3 的卷积核进行卷积操作，并设置边缘填充参数 padding = 1，卷积步长参数 stride = 2，输出大小为 40 × 40 × 128 的特征图。然后经过批量归一化和 SiLU 激活函数处理，最终输出大小为 40 × 40 × 128 的特征图。

21. Concat 模块——将第 20 层的特征图与第 16 层的特征图在通道方向上叠加

在该层，将第 20 层的输出与第 16 层的输出在通道方向上进行叠加，得到大小为 40 × 40 × 256 的特征图。

22. C3 模块——对大小为 40 × 40 × 256 的特征图进行特征提取

在该层，输入大小为 40 × 40 × 256 的特征图，先经过一个 Conv 模块，即输入经过 128(51 × 0.50(width_multiple) × 0.5(残差值))个大小为 1 × 1 × 3 的卷积核进行卷积操作，并设置步长参数 stride = 1，边缘填充参数 padding = 0，调整通道数，输出大小为 40 × 40 × 128 的特征图。然后再经过 3(9 × 0.33(depth_multiple)向上取整)个 Bottleneck 模块，输出大小为 40 × 40 × 128 的特征图。对输入 Bottleneck 的特征图和经过 Bottleneck 后输出的特征图进行 concat，得到 40 × 40 × 256 的特征图。对 concat 后的结果进行 Conv，即经过 256 个大小为 1 × 1 × 3 的卷积核进行卷积操作，并设置步长参数 stride = 1，边缘填充参数 padding = 0，输出大小为 40 × 40 × 256 的特征图。

23. Conv 模块——将大小为 40 × 40 × 256 的特征图下采样为 20 × 20 × 256 大小的特征图

在该层，输入大小为 40 × 40 × 256 的特征图，经过 256(512 × 0.50(width_multiple)) 个大小为 3 × 3 × 3 的卷积核进行卷积操作，并设置边缘填充参数 padding = 1，卷积步长参数 stride = 2，输出大小为 20 × 20 × 256 的特征图。然后经过批量归一化和 SiLU 激活函数处理，最终输出大小为 20 × 20 × 256 的特征图。

24. Concat 模块——将第 23 层的特征图与第 12 层的特征图在通道方向上叠加

在该层，将第 23 层的输出与第 12 层的输出在通道方向上进行叠加，得到大小为 20 × 20 × 512 的特征图。

25. C3 模块——对大小为 20 × 20 × 512 的特征图进行特征提取

在该层，输入大小为 20 × 20 × 512 的特征图，先经过一个 Conv 模块，即输入经过 256(1024 × 0.50(width_multiple) × 0.5(残差值))个大小为 1 × 1 × 3 的卷积核进行卷积操作，并设置步长参数 stride = 1，边缘填充参数 padding = 0，调整通道数，输出大小为 20 × 20 × 256 的特征图。然后再经过 3(9 × 0.33(depth_multiple)向上取整)个 Bottleneck 模块，输出大小为 20 × 20 × 256 的特征图。对输入 Bottleneck 的特征图和经过 Bottleneck 后输出的特征图进行 concat，得到 20 × 20 × 512 的特征图。对 concat 后的结果进行 Conv，即经过 512 个大小为 1 × 1 × 3 的卷积核进行卷积操作，并设置步长参数 stride = 1，边缘填充参数 padding = 0，输出大小为 20 × 20 × 512 的特征图。

26. 输出层

在该层，对第 19、22、25 层的输出进行 Conv，经过(3 × (nc + 5))个大小为 1 × 1 × 3 的卷积核进行卷积操作(nc 表示模型预测的类别数)，并设置步长参数 stride = 1，边缘填充参数 padding = 0，输出大小分别为 80 × 80 × (3 × (nc + 5))、40 × 40 × (3 × (nc + 5))、20 × 20 × (3 × (nc + 5))的特征图。

7.3 使用 YOLO 实现缺陷目标检测

本节代码的详细信息可以在 gitee 中找到，链接为 https://gitee.com/zhou-xuanling/yolov5-mask-42-master。

7.3.1 构建数据集

晶圆缺陷数据集的构建是通过 lableimg 来标注的。labelimg 支持三种格式，分别是 VOC 标签格式、yolo 标签格式、createML 标签格式，标注后的文件分别保存为 xml 文件、txt 文件、json 格式。我们选择的是 yolo 标签格式，标注的结果是 txt 文件。

数据集的构建过程如下：

(1) 在终端输入以下命令：

pip install labelimg -i https://pypi.tuna.tsinghua.edu.cn/simple。

(2) 在终端输入 labelimg 就会运行程序，出现如图 7-10 所示的界面。

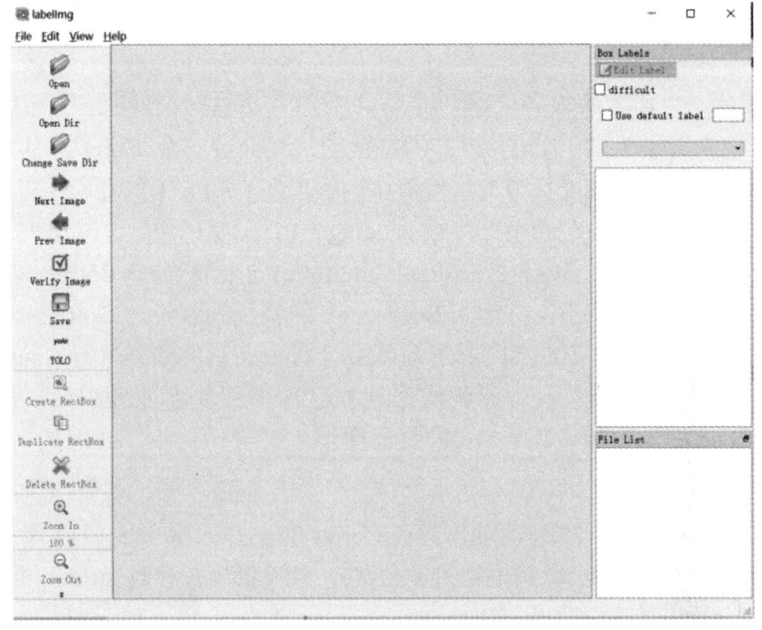

图 7-10 labelimg 结构图

(3) 点击 Open Dir 按钮选择图像数据集路径，再点击 Change Save Dir 选择生成的标签的路径，然后就可以制作数据集了。

7.3.2　数据载入

为了更好地训练神经网络并检测是否存在过拟合或欠拟合问题，常常会将数据集划分为训练集、验证集和测试集，所含图像数量的比例通常为 8∶1∶1。训练集用于模型的训练，验证集用于验证训练模型的有效性并选择最佳模型，而测试集则用于最终评估模型的准确性和误差。

训练集是神经网络训练的基石，通过提供大量的标记数据，模型可以学习到数据的潜在模式和规律。通过不断调整网络的权重和参数，训练集可以帮助模型逐渐收敛到最佳状态，提高模型的性能和准确率。

然而，仅仅依靠训练集训练的模型可能会出现过拟合问题。过拟合指的是模型过度学习了训练集中的细节和噪声，导致对新的未见样本的泛化能力下降。为了解决这个问题，我们引入了验证集。验证集的作用是在训练过程中评估模型的性能，并选择在验证集上表现最佳的模型作为最终的模型。通过检测验证集上的准确率、损失值或其他评价指标，我们可以及时发现模型的训练效果，检测是否出现了过拟合或欠拟合的情况。

一旦我们确定了最佳模型，就需要使用测试集对其进行最终评估。测试集是与训练集和验证集独立的数据集，用于模拟实际应用环境中模型的性能。通过测试集，我们可以评估模型在真实场景中的准确率、误差和泛化能力，以便对模型进行客观的评估。

总结而言，训练集、验证集和测试集的合理划分和使用可以帮助我们充分利用数据，更好地训练和评估神经网络模型，并确保模型在真实场景中表现出色。

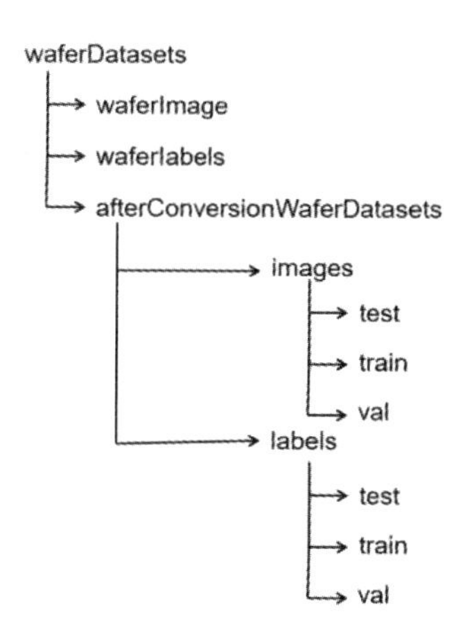

图 7-11　项目结构图

本实例中标注的图像数据和标签数据的目录如图 7-11 所示。

使用的数据集是晶圆数据集，加载数据集的具体代码如下：

```
from torch.utils.data import DataLoader, Dataset
path=../waferDatasets/afterConversionWaferDatasets/images/train
imgsz=[640, 640]
```

```
batch_size = 2
dataset = LoadImagesAndLabels(path,
imgsz,batch_size, stride = int(stride), pad = pad, prefix = prefix)
loader = DataLoader if image_weights else InfiniteDataLoader
return loader(dataset, batch_size = batch_size, shuffle=shuffle , num_workers = nw, sampler = sampler,
        pin_memory = True, collate_fn = LoadImagesAndLabels.collate_fn4), dataset
```

上述代码是一个使用 PyTorch 的 DataLoader 和 Dataset 类加载自定义数据集的示例。其中 LoadImagesAndLabels 是一个自定义的数据集类，用于加载图像和标签数据。

在代码中，首先，根据实际需求设置 path(路径)、imgsz(图像尺寸)、batch_size(批量大小)、stride(步长因子)、pad(填充因子)和 prefix(前缀)等参数。然后，创建 LoadImagesAndLabels 的实例，并传入相应的参数。接下来，使用 DataLoader 类创建数据加载器实例，指定 batch_size(批量大小)、shuffle(是否打乱数据)、num_workers(并行加载数据的工作线程数量)等参数。最后，返回数据加载器和数据集实例。

7.3.3 数据增强

数据集对目标检测网络的训练至关重要，直接影响所训练的模型的泛化能力。一个优秀的数据集能够有效提高模型的精度和效率。通常，在使用数据集之前，我们需要对其进行一些前置处理，以增强数据的多样性和质量。第 4 章对于一些常见的数据增强方法已经进行过简单讲解，这里再另外介绍四种常见的数据增强方法。

(1) mosaic()函数：通过将四张图像随机拼接在一起，增加了数据的多样性。这种方法可以在训练过程中生成更多的训练样本，同时使得模型更好地适应复杂场景和目标组合。

(2) mixup()函数：通过调整图像透明度将两张图像叠加在一起，从而创建新的训练样本。这种方法能够促使模型学习到不同类别之间的特征关联，提高泛化能力和对遮挡物体的识别能力。

(3) augment_hsv()函数：通过对图像的色度(Hue)、饱和度(Saturation)和明度(Value)进行随机增强，扩展了数据集的颜色空间，使模型具有更强的鲁棒性。

(4) 图像翻转：通过对图像进行上下或左右翻转，可以增加数据集的多样性，使模型能够更好地适应镜像或旋转的场景。

这些数据增强方法能够有效地扩充数据集，提高模型的鲁棒性和泛化能力。同时，结合合适的数据预处理和数据清洗方法，可以进一步提升数据集的质量和可靠性。通过综合运用这些技术，我们可以训练出更准确、鲁棒性更好的目标检测模型。

图 7-12 是通过上述方法处理得到的图像。

图 7-12　数据增强结果图

利用 mosaic()函数进行数据增强的代码如下：

```
def load_mosaic(self, index):
    labels4, segments4 = [], []
    s = self.img_size
    yc, xc = (int(random.uniform(-x, 2 * s + x)) for x in self.mosaic_border)
    indices = [index] + random.choices(self.indices, k=3)
    random.shuffle(indices)
```

```
for i, index in enumerate(indices):
    img, _, (h, w) = load_image(self, index)
    if i == 0:
        img4 = np.full((s * 2, s * 2, img.shape[2]), 114, dtype = np.uint8)
        x1a, y1a, x2a, y2a = max(xc - w, 0), max(yc - h, 0) , xc, yc
        x1b, y1b, x2b, y2b = w - (x2a - x1a), h - (y2a - y1a), w, h
    elif i == 1:    # top right
        x1a, y1a, x2a, y2a = xc, max(yc - h, 0), min(xc + w, s * 2), yc
        x1b, y1b, x2b, y2b = 0, h - (y2a - y1a), min(w, x2a - x1a), h
    elif i == 2:    # bottom left
        x1a, y1a, x2a, y2a = max(xc - w, 0), yc, xc, min(s * 2, yc + h)
        x1b, y1b, x2b, y2b = w - (x2a - x1a), 0, w, min(y2a - y1a, h)
    elif i == 3:    # bottom right
        x1a, y1a, x2a, y2a = xc, yc, min(xc + w, s * 2), min(s * 2, yc + h)
        x1b, y1b, x2b, y2b = 0, 0, min(w, x2a - x1a), min(y2a - y1a, h)
    img4[y1a:y2a, x1a:x2a] = img[y1b:y2b, x1b:x2b]
    padw = x1a - x1b
    padh = y1a - y1b
    labels, segments = self.labels[index].copy(), self.segments[index].copy()
    if labels.size:
        labels[:, 1:] = xywhn2xyxy(labels[:, 1:], w, h, padw, padh)
        segments = [xyn2xy(x, w, h, padw, padh) for x in segments]
    labels4.append(labels)
    segments4.extend(segments)

labels4 = np.concatenate(labels4, 0)

for x in (labels4[:, 1:], *segments4):
    np.clip(x, 0, 2 * s, out = x)    # clip when using random_perspective()

img4, labels4, segments4 = copy_paste(img4, labels4, segments4, p = self.hyp['copy_paste'])
img4, labels4 = random_perspective(img4, labels4, segments4,
                                   degrees = self.hyp['degrees'],
```

```
                                      translate = self.hyp['translate'],
                                      scale = self.hyp['scale'],
                                      shear = self.hyp['shear'],
                                      perspective = self.hyp['perspective'],
                                      border = self.mosaic_border)
    return img4, labels4
```

代码解释如下：

(1) 函数 load_mosaic()接收两个参数：self 和 index。self 是类的实例引用，index 是要加载的图像索引。

(2) 初始化两个空列表 labels4 和 segments4，用于存储四个小图像的标签和分割信息。

(3) 确定马赛克图像的大小 s，并生成两个随机数 xc 和 yc，用于确定马赛克图像的中心位置。

(4) 从 self.indices (一个包含所有图像索引的列表)中随机选择四个索引，用于加载四个小图像。

(5) 遍历四个小图像。对于每个小图像，首先，通过 load_image()函数加载小图像和对应的标签。其次，根据小图像的位置，将小图像粘贴到马赛克图像的相应位置，这里会根据 i 的值来确定小图像的位置，i 的取值范围是[0, 1, 2, 3]。然后，对标签进行坐标转换，使其与马赛克图像相对应。接着，将转换后的标签添加到 labels4 列表中。最后，将转换后的分割信息添加到 segments4 列表中。

(6) 将 labels4 列表和 segments4 列表合并为一个 numpy 数组。

(7) 对合并后的标签和分割信息进行随机变换，包括旋转、平移、缩放、剪切和透视变换等。

(8) 返回处理后的马赛克图像和对应的标签。

利用 mixup()函数进行数据增强的代码如下：

```
# 调整图片透明度，将两张图像叠加在一起
def mixup(im, labels, im2, labels2):
    r = np.random.beta(32.0, 32.0)
    im = (im * r + im2 * (1- r)).astype(np.uint8)
    labels = np.concatenate((labels, labels2), 0)
    return im, labels
```

代码解释如下：

(1) 函数 np.random.beta()使用 beta 分布生成一个随机数 r。beta 分布是一个在 0 和 1 之间取值的连续概率分布，这里的两个参数都是 32.0，这意味着生成的 r 会围绕 0.5 左右波动

且与 0.5 相差极小，大多数情况下 r 接近于 0.5。

(2) 将两张图像按照权重 r 和 1 − r 相加混合后赋值给 im。

(3) 函数 np.concatenate()将两个标签沿着第一个轴(通常是行)拼接起来。这意味着如果原始标签是一维数组，新的 labels 数组将是两个原始标签数组长度之和。

(4) 返回混合后的图像和合并后的标签。

利用 augment_hsv()函数进行数据增强的代码如下：

```
# 随机增强图片的色度(Hue)、饱和度(Saturation)和明度(Value)
def augment_hsv(im, hgain = 0.5, sgain = 0.5, vgain = 0.5):
    if hgain or sgain or vgain:
      # 生成三个在(-1，1)之间的随机数
        r = np.random.uniform(-1, 1, 3) * [hgain, sgain, vgain] + 1
        hue, sat, val = cv2.split(cv2.cvtColor(im, cv2.COLOR_BGR2HSV))
        dtype = im.dtype

        x = np.arange(0, 256, dtype = r.dtype)
        lut_hue = ((x * r[0]) % 180).astype(dtype)
        lut_sat = np.clip(x * r[1], 0, 255).astype(dtype)
        lut_val = np.clip(x * r[2], 0, 255).astype(dtype)

        im_hsv = cv2.merge((cv2.LUT(hue, lut_hue), cv2.LUT(sat, lut_sat), cv2.LUT(val, lut_val)))
        cv2.cvtColor(im_hsv, cv2.COLOR_HSV2BGR, dst = im)
```

代码解释如下：

(1) 检查 hgain、sgain、vgain 中是否至少有一个不为 0，如果是，则意味着至少有一个通道需要调整。

(2) 使用 np.random.uniform()函数生成三个介于 −1 和 1 之间的随机数，分别对应于色度、饱和度和明度的增益调整系数，这些系数乘以对应的增益值后再加 1，以便在后续的步骤中进行缩放调整。

(3) 使用 cv2.cvtColor() 函数将原始图像从 BGR 颜色空间转换到 HSV 颜色空间，并分离出色度(Hue)、饱和度(Saturation)和明度(Value)三个通道。

(4) 计算三个通道的查找表(LUT)，查找表将用于调整每个通道的像素值。色度查找表 lut_hue 通过将原始色度值乘以随机生成的色度增益系数，并对 180 取模(因为 HSV 色度范围是 0～179)来创建；饱和度和明度查找表分别通过将原始值乘以相应的增益系数，并使用 np.clip()函数将结果限制在 0 到 255 的范围内来创建。

(5) 使用 cv2.LUT()函数将查找表应用到 HSV 图像的各个通道上，生成增强后的 HSV 图像。

(6) 通过 cv2.merge()将增强后的色度、饱和度和明度通道重新组合成一个增强后的图像。

(7) 使用 cv2.cvtColor()函数将调整后的 HSV 图像转换回 BGR 颜色空间，并将结果存储在原始图像 im 中。

通过图像翻转进行数据增强的代码如下：

```
# 上下翻转
if random.random() < hyp['flipud']:
    img = np.flipud(img)
    if nl:
        labels[:, 2] = 1 - labels[:, 2]

# 左右翻转
if random.random() < hyp['fliplr']:
    img = np.fliplr(img)
    if nl:
        labels[:, 1] = 1 - labels[:, 1]
```

代码解释如下：

(1) 用函数 random.random()生成一个[0，1)的随机数并与 hyp 字典中的 flipud 比较，如果生成的随机数小于 flipud 的值，则执行第(2)步，否则直接结束。

(2) 使用 np.flipud()或者 np.fliplr()对输入图像进行翻转。

7.3.4　构建模型

本实例中以 YOLOv5s 模型为例，因为该模型是 YOLO 的基础模型，相对简单且易于理解。然而，在实际应用中，为了提升检测性能，我们通常会对基础模型进行改进和优化。其中一些常见的改进方法包括引入注意力机制、Transformer 结构，以及采用多层特征融合等技术。

在目标检测任务中，引入注意力机制能够帮助模型更加聚焦于关键目标区域，提升目标检测的准确性和鲁棒性。注意力机制通过对模型特定层或通道的重要信息进行加权，使得模型能够更加关注重要的信息，忽略冗余或无关的背景信息。

Transformer 结构作为一种强大的序列建模工具，在自然语言处理领域取得了巨大成功。将 Transformer 引入目标检测任务中，可以提升对目标之间关系的建模能力，特别是在处理密集场景或复杂遮挡情况时具有优势。

多层特征融合是一种有效的手段，通过将不同层次的特征信息进行融合，可以提高模型对不同尺度目标的检测能力。这种融合策略有助于让模型在处理不同大小的目标时更加全面和准确。

值得注意的是，以上提到的改进方法只是众多优化方案中的一部分，在实际应用中可以根据具体任务需求和数据集特点来选择和组合不同的技术手段，以获得更好的目标检测性能。

yolov5s.yaml 文件如下：

```
nc: 2  # 样本的类别数
depth_multiple: 0.33  # 控制网络的深度
width_multiple: 0.50  # 控制网络的宽度
# 锚框
anchors:
  - [10,13, 16,30, 33,23]
  - [30,61, 62,45, 59,119]
  - [116,90, 156,198, 373,326]
# 主干网络
backbone:
  [[-1, 1, Conv, [64, 6, 2, 2]],  # 0
   [-1, 1, Conv, [128, 3, 2]],  # 1
   [-1, 3, C3, [128]],
   [-1, 1, Conv, [256, 3, 2]],  # 3
   [-1, 6, C3, [256]],
   [-1, 1, Conv, [512, 3, 2]],  # 5
   [-1, 9, C3, [512]],
   [-1, 1, Conv, [1024, 3, 2]],  # 7
   [-1, 3, C3, [1024]],
   [-1, 1, SPPF, [1024, 5]],  # 9
  ]

# 预测网络
head:
  [[-1, 1, Conv, [512, 1, 1]],
   [-1, 1, nn.Upsample, [None, 2, 'nearest']],
```

```
    [[-1, 6], 1, Concat, [1]],           # 该层和 backbone 的第 6 层进行通道维度的特征融合
    [-1, 3, C3, [512, False]],

    [-1, 1, Conv, [256, 1, 1]],
    [-1, 1, nn.Upsample, [None, 2, 'nearest']],
    [[-1, 4], 1, Concat, [1]],           # 该层和 backbone 的第 4 层进行通道维度的特征融合
    [-1, 3, C3, [256, False]],           # 预测头用来检测小物体

    [-1, 1, Conv, [256, 3, 2]],
    [[-1, 14], 1, Concat, [1]],          # 该层和 head 的第 5 层进行通道维度的特征融合
    [-1, 3, C3, [512, False]],           # 预测头用来检测中等物体
    [-1, 1, Conv, [512, 3, 2]],
    [[-1, 10], 1, Concat, [1]],          # 该层和 head 的第 1 层进行通道维度的特征融合
    [-1, 3, C3, [1024, False]],          # 预测头用来检测大物体

    [[17, 20, 23], 1, Detect, [nc, anchors]],   # Detect(P3, P4, P5)
  ]
```

构建模型的代码具体如下：

```
def parse_model(d, ch):
    anchors, nc, gd, gw = d['anchors'],d['nc'],d['depth_multiple'], d['width_multiple']
    # na=传入的 anchor 的 x,y 的一半
    na = (len(anchors[0]) // 2) if isinstance(anchors, list) else anchors
    no = na * (nc + 5)

    layers, save, c2 = [], [], ch[-1]
    for i, (f, n, m, args) in enumerate(d['backbone'] + d['head']):
        m = eval(m) if isinstance(m, str) else m
        for j, a in enumerate(args):
            try:
                args[j] = eval(a) if isinstance(a, str) else a
            except NameError:
                pass
        n = n_ = max(round(n * gd), 1) if n > 1 else n
```

```
        if m in [Conv, Bottleneck,SPPF, C3]:
            c1, c2 = ch[f], args[0]
            if c2 != no:
                c2 = make_divisible(c2 * gw, 8)
            args = [c1, c2, *args[1:]]
            if m in [C3]:
                args.insert(2, n)
                n = 1
        elif m is nn.BatchNorm2d:
            args = [ch[f]]
        elif m is Concat:
            c2 = sum(ch[x] for x in f)
        elif m is Detect:
            args.append([ch[x] for x in f])
            if isinstance(args[1], int):
                args[1] = [list(range(args[1] * 2))] * len(f)
        else:
            c2 = ch[f]
        m_ = nn.Sequential(*(m(*args) for _ in range(n))) if n > 1 else m(*args)
        t = str(m)[8:-2].replace('__main__.', '')
        np = sum(x.numel() for x in m_.parameters())
        m_.i, m_.f, m_.type, m_.np = i, f, t, np
        save.extend(x % i for x in ([f] if isinstance(f, int) else f) if x != -1)
        layers.append(m_)
        if i == 0:
            ch = []
        ch.append(c2)
    return nn.Sequential(*layers), sorted(save)
```

上面的代码定义了 parse_model()函数。这个函数主要用来解析 YOLOv5 模型的配置文件，它有两个参数：d 和 ch。

参数 d 表示一个字典，其内容是经过解析的 YOLOv5 模型配置文件的信息，该配置文件以 yaml 格式存储。配置文件包含了模型的各种设置和参数。

参数 ch 表示输入通道数，它是一个列表，其中的每个元素指定了每个输入的通道数。

parse_model()函数的主要功能如下:

(1) 从字典 d 中提取一些重要的值，包括 anchors(锚点)、nc(类别数)、gd(深度倍数)和 gw(宽度倍数)。

(2) 根据 na(锚点数量)和 nc(类别数)，计算 no(输出的数量)，这个数量等于类别数加上 5 后所得的值乘以锚点数量。这个 5 表示每个锚点需要预测的边界框参数(中心坐标、宽度、高度)以及目标类别的概率。

(3) 定义三个空列表：layers、save 和 c2。layers 用于存储模型的各个层，save 用于保存需要进行特征提取的层的索引，c2 表示当前层的输出通道数。

(4) 通过遍历字典中的 backbone 和 head 部分的每个元素，构建模型的主干网络和头部网络。每个元素包含一层的相关信息，例如 f(特征图索引)、n(重复次数)、m(模块类型)和 args(模块参数)。

(5) 对于每个元素，根据模块类型，将其转换为相应的模块对象。如果模块类型是字符串，则通过使用 eval()函数将其转换为对应的模块类。同时，如果模块参数中的参数是字符串类型，则同样使用 eval()函数将其转换为对应的值。

(6) 对于 Conv 模块、Bottleneck 模块、SPPF 模块和 C3 模块，根据输入通道数和模块参数进行相应的设置。特别是对于 C3 模块，还要将其重复次数设置为 1，以保持特殊的结构。

(7) 对于 BatchNorm2d 模块，将其输入通道数设置为与特征图索引对应的通道数。

(8) 通过创建相应的模块对象并添加到 layers 列表中，构建模型的各个层。同时，根据需要进行特征提取的层的索引，将索引添加到 save 列表中。最终，返回一个 nn.Sequential 对象，其中包含整个模型的层，并将需要进行特征提取的层的索引进行排序。

7.3.5　训练模型

利用 train.py 文件可以进行模型训练。训练模型的代码具体如下：

```
def parse_opt(known=False):
    parser = argparse.ArgumentParser()
    parser.add_argument('--weights', type=str, default=ROOT / 'yolov5s.pt', help='initial weights path')
    parser.add_argument('--cfg', type=str, default='', help='model.yaml path')
    parser.add_argument('--data', type=str, default=ROOT / 'data/coco128.yaml', help='dataset.yaml path')
    parser.add_argument('--hyp', type=str, default=ROOT / 'data/hyps/hyp.scratch.yaml', help='
hyperparameters path')
    parser.add_argument('--epochs', type=int, default=300)
    parser.add_argument('--batch-size', type=int, default=16, help='total batch size for all GPUs')
```

(1) --weights 代表的是预训练模型参数，default=ROOT/'yolov5s.pt'为预训练模型文件地址；

(2) --cfg 代表的是模型配置文件，default = '' 为模型配置文件地址；

(3) --data 代表数据集对应的参数文件，default = ROOT/'data/coco128.yaml' 为数据集的具体信息文件；

(4) -- hyp 代表的是超参数，default = ROOT/'data/hyps/hyp.scratch.yaml' 为训练模型的初始超参数文件地址；

(5) --epochs 代表训练轮数，default = 300 为本次训练的次数；

(6) --batch-size 代表训练的批量大小，default = 16 为本次训练的批量大小。

运行该 train.py 文件就可以训练模型，模型的一次 Epoch(将整个训练数据集完整地通过神经网络进行一次前向传播和反向传播的过程)如图 7-13 所示。

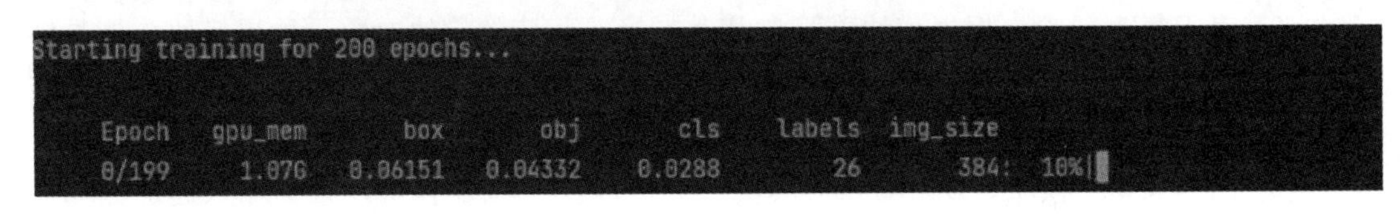

图 7-13　训练模型图

7.3.6　验证模型

利用 val.py 文件可以对训练的模型进行性能验证。

```
parser.add_argument('--data', type=str, default=ROOT / 'data/ defect_data.yaml', help='dataset.yaml path')
parser.add_argument('--weights', nargs='+', type=str, default=ROOT / 'runs/train/exp2/weights/best.pt', help='model.pt path(s)')
```

代码中，--weights 代表模型参数的地址；--data 代表数据集参数文件地址。

运行该 val.py 文件就可以验证模型，模型在验证集上的表示如图 7-14 所示。

Images	Labels	P	R	mAP@.5	mAP@
108	588	0.953	0.91	0.974	0.761
108	126	0.948	0.968	0.967	0.708
108	82	1	0.795	0.95	0.682
108	90	0.972	0.878	0.962	0.728

图 7-14　验证模型结果图

预测图像结果如图 7-15 所示，其中左侧的图像是存在缺陷的晶圆表面图，右侧的图像是利用深度学习判别出的缺陷图。

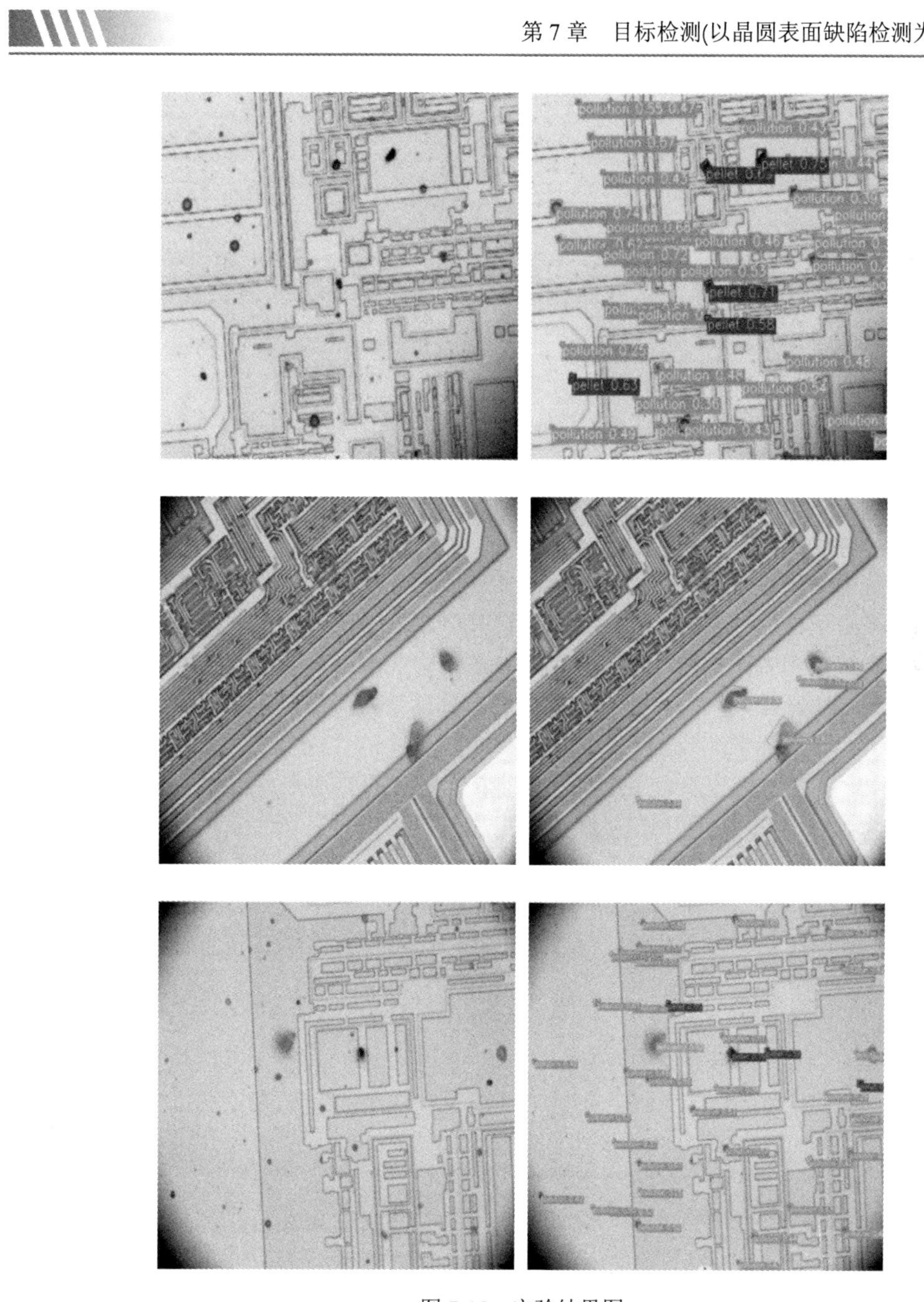
pellet 0.73
pellet 0.71
pellet 0.58
pellet 0.63
pollution 0.46
pollution 0.45

图 7-15　实验结果图

第 8 章

语义分割(以自然遥感检测为例)

随着遥感技术的快速发展，对比两地前后的图像变化成为监测和管理土地破坏的关键方法。然而，复杂的遥感数据给遥感图像中的语义分割任务带来了很多挑战。为了应对这些挑战，深度学习技术崭露头角，并且在遥感领域的语义分割任务中得到广泛应用。

本章以林业遥感影像为对象，进行图像分类。目标是将图像分为以下几个类别：背景类、真实破坏类、伪破坏类、云层类和阴影类。

在图 8-1 中，白色区域代表云层，虽然并非我们关注的林地破坏目标，但同样需要被正确识别并排除，以避免对我们所关心的目标产生干扰。

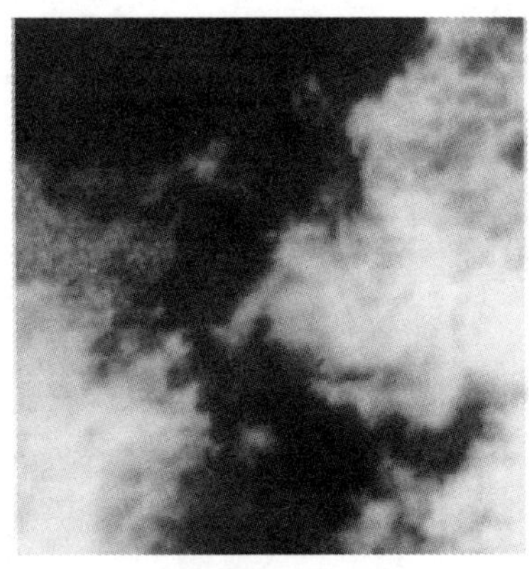

图 8-1　带有白色云朵的图像

在图 8-2 中，红色区域代表林地，是我们关注的背景类目标，而绿色区域则代表裸露地表。我们的任务是在同一地点对前后两年、两个月或者某个特定时间段前后的遥感卫星图像进行分析，以观察林地的变化情况。例如，若前一个时刻为红色的森林(如图 8-2(a)所示)，而后一个时刻出现了绿色的裸露地表(如图 8-2(b)所示)，那么我们将认定此处发生了林地破坏。需要注意的是，这种判断仅基于图像角度，具体是合法采伐还是违法采伐，需要交由执法部门进行核查。

(a) 2021 年 08 月

(b) 2022 年 07 月

图 8-2　某地遥感图像

除了图 8-2 所示的情况，还需要比较裸露地表的前后变化幅度。图 8-3(a)和(b)中的绿色和被标记为浅蓝色的区域，在前后两个时刻几乎没有发生变化，因此不能被判定为破坏或缺陷。

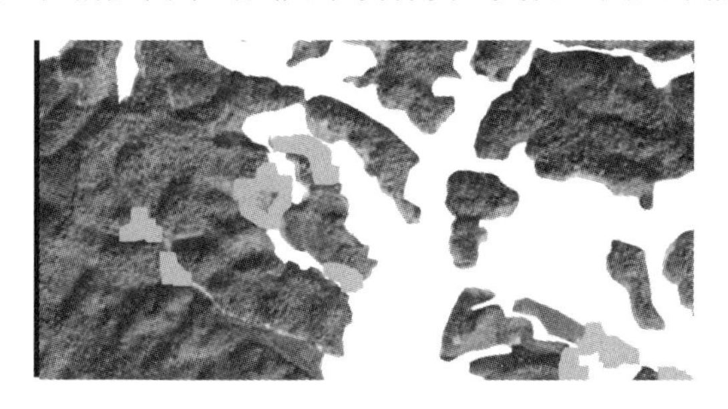

(a) 2019 年 06 月

(b) 2020 年 09 月

图 8-3　某地遥感图像

而对图 8-4(a)和(b)进行对比后发现，绿色部分的面积变大了，这时可以认定发生了破坏。

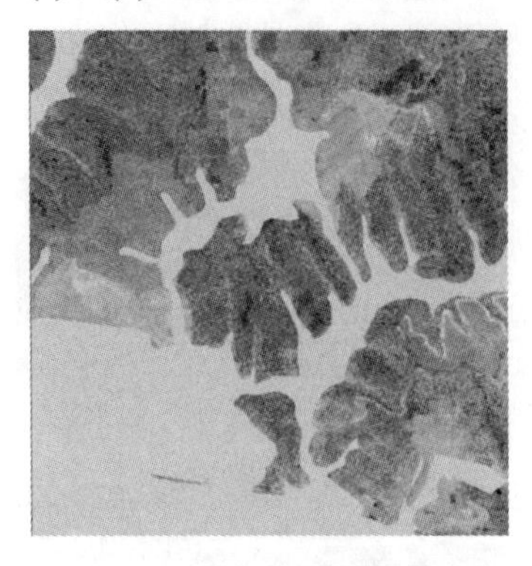

(a) 2021 年 08 月

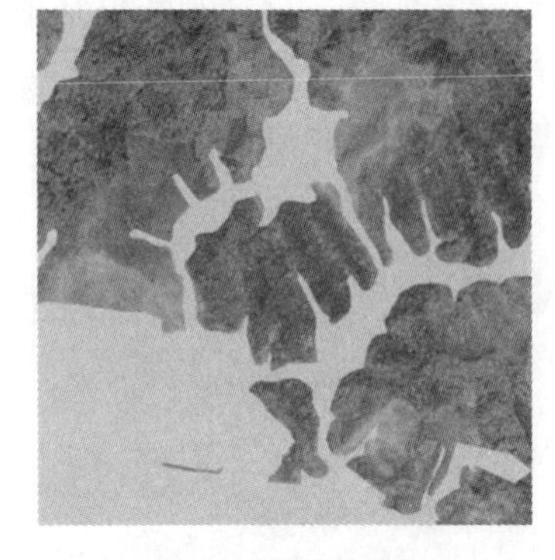

(b) 2022 年 09 月

图 8-4 某地遥感图像

在这项任务中，我们需要准确识别出林地破坏的变化，同时要区分其他非破坏性因素的影响，例如云层和不同背景类目标。这样的分析为环境保护和资源管理提供了重要的数据和线索，有助于监测和保护我们的生态环境。我们的工作重点就在于提供可靠的图像分析结果，为决策者提供支持，以制定更有效的保护措施。

本章将深入探讨基于 UNet 的语义分割方法，以解决遥感影像中的多样目标识别问题，并充分结合深度学习相关的知识，为读者呈现一场关于遥感图像处理与深度学习交融的精彩探索。

本章也会运用到前面章节所学内容，具体如下：

(1) 卷积神经网络(CNN)。UNet 是一种基于 CNN 的深度学习网络结构，具有编码器-解码器结构和跳跃连接。第 3 章已经探讨过 CNN 的基本原理、卷积层和池化层的作用，以及 CNN 在图像处理任务中的广泛应用。

(2) 数据预处理。在语义分割任务中，数据预处理是不可忽视的步骤。第 4 章、第 5 章和第 7 章已经探讨过图像数据的预处理技术，如尺度归一化、图像增强和数据标注等，以提高模型的性能和鲁棒性。

(3) 损失函数。在训练 UNet 模型时，需要选择合适的损失函数来衡量模型预测结果与真实标签之间的差异。第 2 章已经探讨过常见的损失函数，如交叉熵损失函数、对数损失函数等。

(4) 优化算法。优化算法对于深度学习模型的训练至关重要。第 2 章已经探讨过常见的优化算法，如随机梯度下降(SGD)、Adam 优化算法等。

(5) 数据集的选择和构建：深度学习模型的性能和泛化能力受到训练数据集的影响。我们需要知道如何选择和构建适合遥感的数据集，包括数据采集、数据标注和数据集划分等方面的知识。

总结起来，本章将介绍基于 UNet 的语义分割方法在遥感影像中的应用，并结合深度学习相关的知识，从理论到实践全面探讨。本章内容将为遥感影像领域提供有效的分析工具和技术，为保护和管理自然资源作出积极贡献。

8.1 语义分割任务

语义分割是计算机视觉中的重要任务，旨在将图像中的每个像素分配给特定的语义类别，从而实现对图像中目标的精准识别与定位。在传统的图像分割方法中，需要手动提取特征并设计复杂的算法来实现分割，这限制了其适用性和性能。然而，深度学习的兴起改变了图像分割的方式，特别是基于 UNet 的语义分割方法，通过端到端的学习将分割任务转化为像素级分类问题。

自然遥感图像是研究自然资源、生态环境和林业管理的重要数据源。在自然遥感图像中，准确地识别和分割自然目标对于保护和管理自然生态具有重要意义。语义分割技术在自然遥感图像处理中扮演关键角色，能够实现对自然目标的精准提取与分类。本章将重点探讨自然遥感图像中的语义分割技术及其应用。

自然遥感图像通常包含复杂的背景、遮挡和光照变化等问题，传统的图像处理方法难以应对这些挑战。语义分割技术能够以像素级别的精度划分图像，将不同的自然目标从背景中准确提取出来，为自然资源管理和环境监测提供有力支持。

8.2 UNet 网络

8.2.1 UNet 网络概述

UNet 是一种在图像分割领域广泛应用的深度学习模型，它采用编码器-解码器结构，并引入了跳跃连接的思想，能够有效提升语义分割的精度。通过融合深层特征和浅层特征，UNet 能够改善特征图边缘不完整和漏检小物体等问题。

在 UNet 中，主干网络使用的是 ResNet。ResNet 源自 2015 年何恺明等知名学者发表的论文“Deep Residual Learning for Image Recognition”。ResNet 网络的层数已经达到了 152 层，并引入了残差学习的概念，以解决深层网络退化问题。

残差学习是指通过引入残差块(Residual Block)来优化网络训练。在传统的网络结构中，随着网络层数的增加，性能可能会出现饱和或下降的情况，这被称为网络退化问题。而残差学习通过在网络中添加跨层的直接连接，允许信息在网络中跳跃传播，这使得网络可以更有效地学习和优化残差。这种跳跃连接的设计使得网络可以更深，并且更容易优化。

UNet 结合 ResNet 的强大特性和跳跃连接的思想，为图像分割任务提供了一个强大的解决方案。通过使用 ResNet 作为主干网络，UNet 可以从原始图像中提取丰富的特征表示，并通过跳跃连接将这些特征与解码器中的浅层特征进行融合，从而提高语义分割的准确性和细节保留能力。这为图像分割领域的研究和应用提供了有力的支持和改进。

8.2.2 ResNet 网络结构

ResNet 是深度学习领域中的重要模型，它通过引入残差单元，解决了深层网络训练过程中的梯度消失和梯度爆炸等问题。在 ResNet 中，使用了两种不同的残差单元，如图 8-5 所示，左侧对应浅层网络，右侧对应深层网络。

ResNet 的两种残差单元具有相似的基本结构，每种残差单元由两个关键部分组成：跳跃连接和深度卷积。这些设计使得 ResNet 在训练深层网络时更加高效且易于优化。

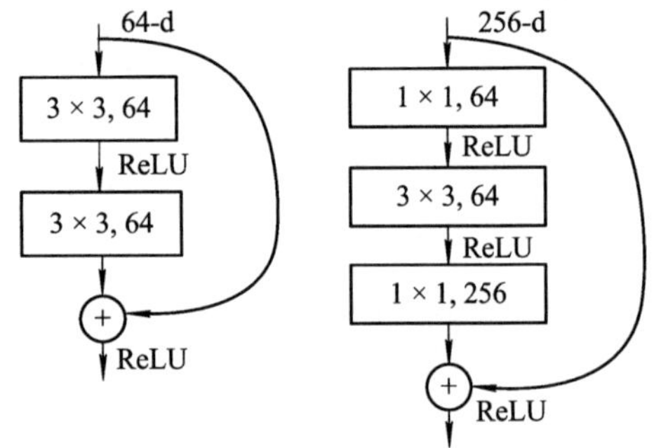

图 8-5 两种残差单元

对于浅层网络，它的残差单元主要包括两个部分：一部分是输入直接连接到输出的跳跃连接，确保信息可以直接流过网络而不会受到过多干扰；另一部分是一个较浅的卷积层，有助于学习较简单的特征，这是因为浅层网络在提取低级特征方面较有效。

对于深层网络，由于网络层数的增加，出现了更多的深度卷积层。在这种情况下，其残差单元包含了多个卷积层，有助于学习更加复杂和抽象的特征。这样的设计可以逐渐提高网络的表征能力，允许网络对更高级别的抽象概念进行建模。

总体而言，ResNet 中使用的这两种残差单元设计，充分发挥了浅层网络和深层网络的优势，使得网络在各个层级都能有效地进行特征提取，并且在训练过程中不会出现梯度消失等问题。这种结构的引入使得 ResNet 成为深度学习中极具影响力的模型，广泛应用于图像分类、目标检测等领域。

除了图 8-5 中所示的残差单元，ResNet 还有其他变体，如 Bottleneck 残差单元(在第 7 章中有过讲解)，用于进一步减少参数量和计算复杂度。在实际应用中，可以根据任务需求和资源约束选择不同类型的 ResNet 结构，以取得更好的性能和效率。

8.2.3　UNet 网络结构

传统的卷积神经网络通常在卷积层之后连接若干个全连接层，将卷积层的输出特征图映射为一维向量，并通过 softmax 等激活函数进行分类。然而，经典的全卷积神经网络(FCN)结构则采用了一种全新的思路，由 CNN、上采样模块和融合结构组成。其核心思想是先利用 CNN 提取图像特征，然后通过上采样逐渐将深层特征图恢复至原图大小，同时直接计算像素概率并进行分类，从而完成图像分割任务。相比传统的分割方法，FCN 在图像分割领域中无论是分割效率还是精度都遥遥领先，因此对 FCN 的改进和优化成为一个研究热点。一个关键的区别在于 FCN 不受图像大小的限制，这是因为没有全连接层的限制，无论是特征提取还是上采样实际上都属于卷积操作。

尽管 FCN 是图像分割领域的先驱，但它在分割精度上仍有很大的提升空间。例如，虽然 FCN 的结构中存在一些特征融合结构，但分割边缘的精度仍较低，这导致边缘处的分割效果不佳。因此，如何基于 FCN 提高分割精度成为新的研究热点。为了解决这一问题，Olaf Ronneberger 等人提出了 UNet 网络，该网络沿用了全卷积神经网络的思想，并对其中的多个模块进行了重新设计。UNet 的结构呈现一种 U 字形(如图 8-6 所示)，通过将下采样和上采样之间的特征图进行融合，可以获取上下文信息和位置信息。UNet 最初应用于医学图像分割领域，在数据量较少的情况下取得了不错的分割精度。

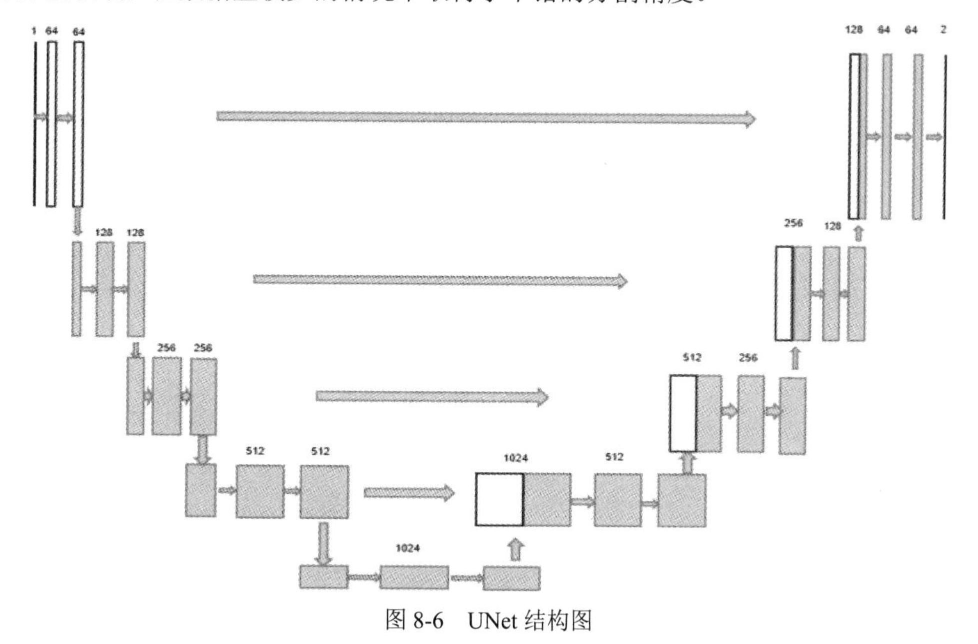

图 8-6　UNet 结构图

UNet 的设计是一种重要的突破，为图像分割任务带来了新的思路和改进方向。通过特

征融合和U字形结构，UNet在边缘处的分割效果得到了显著改善，使其在医学图像和其他领域的分割任务中表现优异。随着研究的不断深入，FCN和UNet的优化与扩展将继续推动图像分割领域的发展，为更广泛的应用场景带来更高的分割精度和更好的性能。

UNet作为一种用于语义分割的经典神经网络模型，其设计目的主要在于准确地将输入图像中的每个像素进行分类，并生成与输入图像尺寸相同的语义分割结果图。UNet的结构的独特之处在于融合了编码器和解码器，同时利用跳跃连接来传递多层特征信息。

编码器部分负责从原始图像中提取特征。它由多个下采样模块组成，每个模块通常由两个卷积层、批量归一化层和ReLU激活函数构成。通过多次下采样，编码器逐渐缩小特征图的尺寸，同时增加特征图的深度，使其能够捕捉到图像中的全局和抽象特征。

解码器部分是编码器的逆过程，旨在将编码后的特征图逐层放大，并结合编码器中的特征图来还原原始图像的尺寸。解码器通常由多个上采样模块组成。每个上采样模块使用转置卷积或其他上采样技术，将特征图放大到原始图像的尺寸。同时，通过跳跃连接，解码器从编码器中获取了多个不同尺度的特征图。这些特征图包含了原始图像不同层次的细节信息，有助于更好地还原图像的细节和边缘。

在特征融合方面，解码器的每一层特征图都与对应层级的编码器特征图进行融合。这种融合操作通过拼接或加权求和的方式进行，使得解码器能够综合使用来自编码器不同层级的特征信息。这样的特征融合机制有助于提高分割结果的准确性和细节表现。

最后，在解码器的最后一层，特征图被进一步放大，使其与原始图像大小相同，并使用Softmax或Sigmoid等激活函数来输出像素级别的语义分割结果图。Softmax通常用于多类别分割问题，而Sigmoid主要用于二分类分割任务。

综上所述，UNet的编码器-解码器结构以及特征融合机制使其成为一种在语义分割任务中表现优秀的神经网络模型。通过利用编码器的多层特征和解码器的特征融合，UNet能够实现准确且具有丰富细节的语义分割结果。这使得UNet在医学影像分析、自然图像分割等领域得到了广泛应用。

8.2.4　UNet各层参数详解

1. 输入层

该层输入的是大小为512 × 512 × 3的图像，经由ResNet主干网络进行特征提取，得到5个大小分别为256 × 256 × 64、128 × 128 × 256、64 × 64 × 512、32 × 32 × 1024、16 × 16 × 2048的特征图。

2. Up1

该层的处理流程是：上采样→Concat→卷积→ReLU→卷积→ReLU。

(1) 上采样：输入大小为 16 × 16 × 2048 的特征图后，通过上采样操作将特征图的长和宽各放大一倍，输出大小为 32 × 32 × 2048 的特征图。

(2) Concat：输入大小分别为 32 × 32 × 2048 和 32 × 32 × 1024 的特征图，进行通道数的叠加，输出大小为 32 × 32 × 3072 的特征图。

(3) 卷积：输入大小为 32 × 32 × 3072 的特征图，经过 512 个大小为 3 × 3 × 3 的卷积核进行卷积操作，并设置边缘填充参数 padding = 1，卷积步长参数 stride = 1，最后输出大小为 32 × 32 × 512 的特征图((32 − 3 + 2 × 1)/1 + 1 = 32)。

(4) ReLU：将卷积层输出的特征图输入 ReLU 函数中，增强网络的非线性能力。

(5) 卷积：输入大小为 32 × 32 × 512 的特征图，经过 512 个大小为 3 × 3 × 3 的卷积核进行卷积操作，并设置边缘填充参数 padding = 1，卷积步长参数 stride = 1，最后输出大小为 32 × 32 × 512 的特征图((32 − 3 + 2 × 1)/1 + 1 = 32)。

(6) ReLU：将卷积层输出的特征图输入 ReLU 函数中，增强网络的非线性能力。

3. Up2

该层的处理流程是：上采样→Concat→卷积→ReLU→卷积→ReLU。

(1) 上采样：输入大小为 32 × 32 × 512 的特征图后，通过上采样操作将特征图的长和宽各放大一倍，输出大小为 64 × 64 × 512 的特征图。

(2) Concat：输入大小为 64 × 64 × 512 的特征图，进行通道数的叠加，输出大小为 64 × 64 × 1024 的特征图。

(3) 卷积：输入大小为 64 × 64 × 1024 的特征图，经过 256 个大小为 3 × 3 × 3 的卷积核进行卷积操作，并设置边缘填充参数 padding = 1，卷积步长参数 stride = 1，最后输出大小为 64 × 64 × 256 的特征图((64 − 3 + 2 × 1)/1 + 1 = 64)。

(4) ReLU：将卷积层输出的特征图输入 ReLU 函数中，增强网络的非线性能力。

(5) 卷积：输入大小为 64 × 64 × 256 的特征图，经过 256 个大小为 3 × 3 × 3 的卷积核进行卷积操作，并设置边缘填充参数 padding = 1，卷积步长参数 stride = 1，最后输出大小为 64 × 64 × 256 的特征图((64 − 3 + 2 × 1)/1 + 1 = 64)。

(6) ReLU：将卷积层输出的特征图输入 ReLU 函数中，增强网络的非线性能力。

4. Up3

该层的处理流程是：上采样→Concat→卷积→ReLU→卷积→ReLU。

(1) 上采样：输入大小为 64 × 64 × 256 的特征图后，通过上采样操作将特征图的长和宽各放大一倍，输出大小为 128 × 128 × 256 的特征图。

(2) Concat：输入大小为 128 × 128 × 256 的特征图，进行通道数的叠加，输出大小为 128 × 128 × 512 的特征图。

(3) 卷积：输入大小为 128 × 128 × 512 的特征图，经过 128 个大小为 3 × 3 × 3 的卷积

核进行卷积操作，并设置边缘填充参数 padding = 1，卷积步长参数 stride = 1，最后输出大小为 128 × 128 × 128 的特征图((128 − 3 + 2 × 1)/1 + 1 = 128)。

(4) ReLU：将卷积层输出的特征图输入 ReLU 函数中，增强网络的非线性能力。

(5) 卷积：输入大小为 128 × 128 × 128 的特征图，经过 128 个大小为 3 × 3 × 3 的卷积核进行卷积操作，并设置边缘填充参数 padding = 1，卷积步长参数 stride = 1，最后输出大小为 128 × 128 × 128 的特征图((128 − 3 + 2 × 1)/1 + 1 = 128)。

(6) ReLU：将卷积层输出的特征图输入 ReLU 函数中，增强网络的非线性能力。

5. Up4

该层的处理流程是：上采样→Concat→卷积→ReLU→卷积→ReLU。

(1) 上采样：输入大小为 128 × 128 × 128 的特征图后，通过上采样操作将特征图的长和宽各放大一倍，输出大小为 256 × 256 × 128 的特征图。

(2) Concat：输入大小分别为 256 × 256 × 128 和 256 × 256 × 64 的特征图，进行通道数的叠加，输出大小为 256 × 256 × 192 的特征图。

(3) 卷积：输入大小为 256 × 256 × 192 的特征图，经过 64 个大小为 3 × 3 × 3 的卷积核进行卷积操作，并设置边缘填充参数 padding = 1，卷积步长参数 stride = 1，则输出大小为 256 × 256 × 64 的特征图((256 − 3 + 2 × 1)/1 + 1 = 256)。

(4) ReLU：将卷积层输出的特征图输入 ReLU 函数中，增强网络的非线性能力。

(5) 卷积：输入大小为 256 × 256 × 64 的特征图，经过 64 个大小为 3 × 3 × 3 的卷积核进行卷积操作，并设置边缘填充参数 padding = 1，卷积步长参数 stride = 1，最后输出大小为 256 × 256 × 64 的特征图((256 − 3 + 2 × 1)/1 + 1 = 256)。

(6) ReLU：将卷积层输出的特征图输入 ReLU 函数中，增强网络的非线性能力。

6. up_conv

该层的处理流程是：上采样→卷积→ReLU→卷积→ReLU。

(1) 上采样：输入大小为 256 × 256 × 64 的特征图后，通过上采样操作将特征图的长和宽各放大一倍，输出大小为 512 × 512 × 64 的特征图。

(2) 卷积：输入大小为 512 × 512 × 64 的特征图，经过 64 个大小为 3 × 3 × 3 的卷积核进行卷积操作，并设置边缘填充参数 padding = 1，卷积步长参数 stride = 1，最后输出大小为 512 × 512 × 64 的特征图((512 − 3 + 2 × 1)/1 + 1 = 512)。

(3) ReLU：将卷积层输出的特征图输入 ReLU 函数中，增强网络的非线性能力。

(4) 卷积：输入大小为 512 × 512 × 64 的特征图，经过 64 个大小为 3 × 3 × 3 的卷积核进行卷积操作，并设置边缘填充参数 padding = 1，卷积步长参数 stride = 1，最后输出大小为 512 × 512 × 64 的特征图((512 − 3 + 2 × 1)/1 + 1 = 512)。

(5) ReLU：将卷积层输出的特征图输入 ReLU 函数中，增强网络的非线性能力。

7. 输出层

输入大小为 512 × 512 × 64 的特征图，经过类别数个大小为 1 × 1 × 3 的卷积核进行卷积操作，无边缘填充，设置卷积步长参数 stride = 1，则输出大小为 512 × 512 × 类别数的特征图((512 − 1)/1 + 1 = 512)。

8.3 使用 UNet 实现遥感图像检测

第 7 章已经介绍了晶圆缺陷检测，并探讨了目标检测任务中使用 YOLO 的一般过程。本章将探索一种新的方向，即利用语义分割技术来解决缺陷问题。

语义分割是计算机视觉领域的重要技术，它不仅可以对图像进行像素级别的分类，而且能够实现目标的精确分割。通过引入语义分割技术，我们可以将不同类型的缺陷区域用不同的颜色进行标注，从而显著提高了检测和识别缺陷的准确性和效率。这使得语义分割在缺陷检测领域有着广阔的应用前景。然而，我们也要认识到，尽管语义分割在理论上表现出色，但它需要大量时间进行训练，而且在实时检测过程中的帧率(单位为帧/秒)难以满足晶圆缺陷检测的需求。

本节代码的详细信息可以在 gitee 中找到，链接为 https://gitee.com/zhou-xuanling/unet-pytorch-main。

8.3.1 数据载入

数据载入的具体代码如下：

```
class Dataset(Dataset):
    def __init__(self, annotation_lines, input_shape, num_classes, dataset_path):
        super(Dataset, self).__init__()
        self.annotation_lines = annotation_lines
        self.length = len(annotation_lines)
        self.input_shape = input_shape
        self.num_classes = num_classes
        self.dataset_path = dataset_path

    def __len__(self):
```

```
        return self.length

    def __getitem__(self, index):
        annotation_line = self.annotation_lines[index]
        name = annotation_line.split()[0]

        # 从文件中读取图像
        jpg=Image.open(os.path.join(os.path.join(self.dataset_path, "VOC2007/JPEGImages"),
            name + ".jpg"))
        png=Image.open(os.path.join(os.path.join(self.dataset_path, "VOC2007/SegmentationClass"),
            name + ".png"))
        jpg= np.transpose(preprocess_input(np.array(jpg, np.float64)), [2,0,1])
        png= np.array(png)
        png[png >= self.num_classes] = self.num_classes

        # 转化成 one-hot 的形式
        seg_labels = np.eye(self.num_classes + 1)[png.reshape([-1])]
        seg_labels = seg_labels.reshape((int(self.input_shape[0]), int(self.input_shape[1]),
                     self.num_classes + 1))
        return jpg, png, seg_labels
```

上面这段代码定义了一个继承自 torch.utils.data.Dataset 的自定义数据集类 Dataset，用于加载图像数据和标签。

(1) 构造函数 __init__()接收四个参数：annotation_lines 表示存储在 txt 文件中的图像名称的列表，input_shape 表示输入图像的尺寸，num_classes 表示训练集的类别数，dataset_path 表示数据集的根路径。

(2) __len__()函数返回数据集的长度，即样本数量。

(3) __getitem__()函数根据索引 index 获取单个样本。它首先从 annotation_lines 中取出对应索引的注释行 annotation_line，然后解析出图像的名称 name。接下来，它使用 PIL 库的 Image.open()函数读取对应路径下的 jpg 图像和 png 图像。jpg 图像被转换成 np.float64 类型的数组，并通过 preprocess_input()函数进行预处理(将值映射到 0 到 1 之间)，最后通过 np.transpose()函数将维度顺序从(H, W, C)转换为(C, H, W)。标签图像 png 则直接转换成 np.array 类型的数组。同时，对于标签图像，大于等于 num_classes 的像素值被设置为 num_classes，以避免超出类别数的值。然后，将标签图像转换为 one-hot 编码的形式，通过

np.eye()函数将像素值转换为对应的 one-hot 向量。此处需要加 1 是因为 VOC 数据集的一些标签具有白边部分。最后，将 one-hot 编码的标签图像 seg_labels 重新 reshape(重塑数组)为形状为(input_shape[0], input_shape[1], num_classes + 1)的数组，并将图像数据 jpg、原始标签图像 png 和 one-hot 编码的标签图像 seg_labels 作为结果返回。

这个自定义数据集类 Dataset 适用于处理语义分割任务，提供了加载图像和标签的功能，并对标签进行了预处理和转换。

8.3.2 构建模型

UNet 的本质是编码和解码的过程，本实验使用的编码器是 ResNet50。这是因为 ResNet50 模型允许网络中的信号绕过一个或多个层次，直接从一个较早的层传输到后面的层。一方面有效减少了模型的参数量，加快了收敛速度；另一方面加深了特征提取网络的深度，提高了网络的分割精度，能更好地结合图像的背景语义，进行多尺度的分割。

构建残差单元模块的代码具体如下：

```
# 3 × 3 卷积层
def conv3x3(in_channels, out_channels, stride=1, groups=1, dilation=1):
    return nn.Conv2d(in_channels,out_channels,kernel_size=3, stride=stride,padding=dilation, groups=
groups, bias=False, dilation=dilation)

# 1 × 1 卷积层
def conv1x1(in_channels, out_channels, stride=1):
    return nn.Conv2d(in_channels,out_channels, kernel_size=1, stride=stride, bias=False)

# 残差模块
class Bottleneck(nn.Module):
    expansion = 4
    def __init__(self, in_channels, planes, stride=1, downsample=None, groups=1, base_width=64,
dilation=1, norm_layer=None):
        super(Bottleneck, self).__init__()
        #批量归一化
        if norm_layer is None:
            norm_layer = nn.BatchNorm2d
```

```
        width = int(out_channels * (base_width / 64)) * groups

        # 利用 1 × 1 卷积降低通道数
        self.conv1 = conv1x1(in_channels, width)
        self.bn1 = norm_layer(width)

        # 利用 3 × 3 卷积进行特征提取
        self.conv2 = conv3x3(width, width, stride, groups, dilation)
        self.bn2 = norm_layer(width)

        # 利用 1 × 1 卷积增加通道数
        self.conv3 = conv1x1(width, out_channels * self.expansion)
        self.bn3 = norm_layer(out_channels * self.expansion)

        # ReLU 激活函数
        self.relu = nn.ReLU(inplace=True)

        # 下采样标志
        self.downsample = downsample
        self.stride = stride

    def forward(self, x):
        identity = x

        out = self.conv1(x)
        out = self.bn1(out)
        out = self.relu(out)

        out = self.conv2(out)
        out = self.bn2(out)
        out = self.relu(out)
```

```
        out = self.conv3(out)
        out = self.bn3(out)

        if self.downsample is not None:
            identity = self.downsample(x)

        out += identity
        out = self.relu(out)

        return out
```

上面这段代码定义了一些用于构建残差网络中的卷积层和残差模块的函数。

(1) conv3x3()函数定义了一个 3 × 3 的卷积层，接收 in_channels(输入通道数)和 out_channels(输出通道数)作为参数，并且可以设置 stride(步长)、groups(分组数)和 dilation(膨胀率)。该函数使用 nn.Conv2d()函数创建了一个卷积层对象，设置了适当的参数，例如 kernel_size(卷积核大小)、stride(步长)、padding(填充参数)、groups(分组数)等。

(2) conv1x1()函数定义了一个 1 × 1 的卷积层，接收 in_channels(输入通道数)和 out_channels(输出通道数)作为参数，并且可以设置 stride(步长)。该函数使用 nn.Conv2d()函数创建了一个卷积层对象，设置了适当的参数，例如 kernel_size(卷积核大小)、stride(步长)等。

(3) 构建继承自 nn.Module 的残差模块 Bottleneck 类。首先定义了一个残差模块的构造函数 init()，该函数接收 in_channels(输入通道数)、planes(输出通道数)，以及其他可选的参数，如 stride(步长)、downsample(下采样模块)、groups(分组数)、base_width(基础宽度)和 dilation(膨胀率)等，并且通过 super()._init_()的方式初始化 nn.Module 类。接着定义了批量归一化层 norm_layer，其根据参数判断是否使用，默认使用 nn.BatchNorm2d(二维批量归一化)模块和通道数 width，width 的值是根据输出通道数、特征图的宽度和分组数共同计算得到的。然后，定义了三个卷积层，分别是 self.conv1(1 × 1 卷积层)、self.conv2(3 × 3 卷积层)和 self.conv3(1 × 1 卷积层)，这些卷积层用于进行特征提取和通道数的调整；定义了三个批量归一化层，分别是 self.bn1、self.bn2 和 self.bn3，这些批量归一化层分别用于对 self.conv1、self.conv2 和 self.conv3 卷积操作之后的特征图进行归一化操作；定义了一个激活函数 self.relu，该激活函数用于对批量归一化后的特征图进行修正，增强输入特征图的非线性能力。接下来定义了一个标志 self.downsample，用于决定是否需要下采样。最后通过将卷积操作(self.conv1、self.conv2 和 self.conv3)、批量归一化操作(self.bn1、self.bn2 和 self.bn3)和激活函数(self.relu)进行组合，构建出残差网络的前向传播过程函数 forword()。

(4) 整个残差模块的前向传播过程在 forward()函数中实现。首先保存输入特征图 x 作

为标识 identity。然后依次通过各个卷积层、批量归一化层和激活函数处理特征图 x。如果存在下采样模块，则对输入特征图 x 进行下采样得到 identity。将处理后的特征图 out 与 identity 相加，并经过 ReLU 激活函数，得到最终的输出特征图。最后将输出特征图返回。

构建 ResNet50 模块的代码具体如下：

```
class ResNet(nn.Module):
# 初始化 ResNet50
    def __init__(self, Bottleneck, layers=[3, 4, 6, 3], num_classes=10):

        self.in_channels = 64
        super(ResNet, self).__init__()
        self.conv1 = nn.Conv2d(3, 64, kernel_size=7, stride=2, padding=3, bias=False)
        self.bn1 = nn.BatchNorm2d(64)
        self.relu = nn.ReLU(inplace=True)
        self.maxpool = nn.MaxPool2d(kernel_size=3, stride=2, padding=0, c eil_mode= True)

        self.layer1 = self._make_layer(block, 64, layers[0])

        self.layer2 = self._make_layer(block, 128, layers[1], stride=2)

        self.layer3 = self._make_layer(block, 256, layers[2], stride=2)

        self.layer4 = self._make_layer(block, 512, layers[3], stride=2)

        self.avgpool = nn.AvgPool2d(7)
        self.fc = nn.Linear(512 * block.expansion, num_classes)

        for m in self.modules():
            if isinstance(m, nn.Conv2d):
                n = m.kernel_size[0] * m.kernel_size[1] * m.out_channels
                m.weight.data.normal_(0, math.sqrt(2. / n))
            elif isinstance(m, nn.BatchNorm2d):
                m.weight.data.fill_(1)
                m.bias.data.zero_()
```

```
    # 下采样
    def _make_layer(self, block, out_channels, blocks, stride=1):
        downsample = None
        if stride != 1 or self.in_channels != out_channels * block.expansion:
            downsample = nn.Sequential(
                nn.Conv2d(self.in_channels, out_channels * block.expansion,
                    kernel_size=1, stride=stride, bias=False),
                nn.BatchNorm2d(out_channels * block.expansion),
            )

        layers = []
        layers.append(block(self.in_channels, out_channels, stride, downsample))
        self.in_channels = out_channels * block.expansion
        for i in range(1, blocks):
            layers.append(block(self.in_channels, out_channels))

        return nn.Sequential(*layers)
    # 前向传播
    def forward(self, x):
        x = self.conv1(x)
        x = self.bn1(x)
        feat1 = self.relu(x)
        x = self.maxpool(feat1)
        feat2 = self.layer1(x)
        feat3 = self.layer2(feat2)
        feat4 = self.layer3(feat3)
        feat5 = self.layer4(feat4)
        return [feat1, feat2, feat3, feat4, feat5]
```

上面这段代码定义了一个 ResNet50 模型，它使用残差模块 Bottleneck 来构建网络，调用 nn.Module 的构造函数初始化 ResNet50 模型。

(1) 在构造函数中，首先定义 in_channels(模型的输入通道数)为 64。接下来，定义了模型的第一层卷积层 self.conv1，它使用 7 × 7 的卷积核，输入通道数为 3，输出通道数为 64，步长为 2，填充参数为 3，不带偏置项。之后紧跟着一个批量归一化层 self.bn1 和 ReLU 激活函数 self.relu。同时，定义了一个最大池化层 self.maxpool，它使用 3 × 3 的池化窗口，步长为 2。最后，通过调用 self._make_layer()函数构建了 4 个残差块层 self.layer1、self.layer2、self.layer3 和 self.layer4。每个残差块层的输入通道数和输出通道数由参数 out_channels 和 layers 确定。其中，self._make_layer()函数会调用 def_make_layer()函数来构建每个残差块。

(2) 在_make_layer()函数中，首先判断是否需要进行下采样。如果步长不为 1 或输入通道数与输出通道数不匹配，就需要进行下采样，即创建一个包含 1 × 1 卷积层和批量归一化层的下采样模块。然后，通过循环构建多个残差块，每个残差块的输入通道数和输出通道数由参数 block 和 out_channels 确定。

(3) 在前向传播函数 forward()中，通过卷积层、批量归一化层和 ReLU 激活函数的组合将输入特征图 x 传递到模型中。首先经过第一层卷积层、批量归一化层和 ReLU 激活函数处理得到特征图 feat1。然后，经过最大池化层得到特征图 x。接下来，依次将特征图 x 传递给残差块层 self.layer1、self.layer2、self.layer3 和 self.layer4，得到不同层次的特征图 feat2、feat3、feat4 和 feat5。最后，将这些特征图以列表的形式返回。

构建 UNet 模型的代码具体如下：

```
class unetUp(nn.Module):
    # 初始化 unetUp
    def __init__(self, in_size, out_size):
        super(unetUp, self). __init__()
        self.conv1 = nn.Conv2d(in_size, out_size, kernel_size = 3, padding = 1)
        self.conv2 = nn.Conv2d(out_size, out_size, kernel_size = 3, padding = 1)
        self.up = nn.UpsamplingBilinear2d(scale_factor = 2)
        self.relu = nn.ReLU(inplace = True)

    # 定义前向传播
    def forward(self, inputs1, inputs2):
        outputs = torch.cat([inputs1, self.up(inputs2)], 1)
        outputs = self.conv1(outputs)
        outputs = self.relu(outputs)
        outputs = self.conv2(outputs)
        outputs = self.relu(outputs)
        return outputs

class Unet(nn.Module):
```

```
    # 初始化 Unet 网络
    def __init__(self, num_classes = 10):
        super(Unet, self). __init__()
        self.resnet = resnet50()
        in_filters = [192, 512, 1024, 3072]
        out_filters = [64, 128, 256, 512]

        self.up_concat4 = unetUp(in_filters[3], out_filters[3])

        self.up_concat3 = unetUp(in_filters[2], out_filters[2])

        self.up_concat2 = unetUp(in_filters[1], out_filters[1])

        self.up_concat1 = unetUp(in_filters[0], out_filters[0])
          # 上采样
        self.up_conv = nn.Sequential(
            nn.UpsamplingBilinear2d(scale_factor = 2),
            nn.Conv2d(out_filters[0], out_filters[0], kernel_size = 3, padding = 1),
            nn.ReLU(),
            nn.Conv2d(out_filters[0], out_filters[0], kernel_size = 3, padding = 1),
            nn.ReLU(),
        )

        self.final = nn.Conv2d(out_filters[0], num_classes, 1)
    # 定义前向传播
    def forward(self, inputs):
        [feat1, feat2, feat3, feat4, feat5] = self.resnet.forward(inputs)

        up4 = self.up_concat4(feat4, feat5)
        up3 = self.up_concat3(feat3, up4)
        up2 = self.up_concat2(feat2, up3)
        up1 = self.up_concat1(feat1, up2)
```

```
        if self.up_conv != None:
            up1 = self.up_conv(up1)

        final = self.final(up1)
        return final
```

上面这段代码定义了一个 UNet 模型，它由编码器和解码器部分组成，用于图像分割任务。

(1) 定义了一个名为 unetUp 的子模块，它包含上采样和卷积操作。在初始化函数中，定义了两个卷积层 self.conv1 和 self.conv2，以及上采样层 self.up 和 ReLU 激活函数 self.relu。在前向传播函数 forward()中，首先将输入特征图 inputs2 进行上采样，并与 inputs1 进行通道拼接，可通过 torch.cat()函数实现。然后将拼接后的特征图传递给第一个卷积层 self.conv1 和 ReLU 激活函数，再经过第二个卷积层 self.conv2 和 ReLU 激活函数后得到输出特征图 outputs 并返回。

(2) 定义了一个名为 Unet 的主模块，它包含多个 unetUp 子模块和额外的卷积层。在初始化函数中，首先创建了一个 ResNet 模型 self.resnet，用于提取输入图像的特征，并且还定义了编码器和解码器中每个阶段的输入通道数 in_filters 和输出通道数 out_filters。接着通过 unetUp 子模块创建了多个上采样模块 self.up_concat4、self.up_concat3、self.up_concat2 和 self.up_concat1。每个上采样模块的输入通道数由 in_filters 确定，输出通道数由 out_filters 确定。然后定义了一个上采样卷积模块 self.up_conv，该模块进行上采样操作，并通过两个卷积层和 ReLU 激活函数进行特征提取。最后，定义了一个最终的卷积层 self.final，它将特征图通道数转换为类别数，用于最终的分割结果。

(3) 在前向传播函数 forward()中，首先将输入图像传递给 ResNet 模型，得到不同阶段的特征图。然后将这些特征图按顺序传递给上采样模块，其中每个上采样模块接收前一阶段的特征图和当前阶段的特征图作为输入。最后，将上采样后的特征图传递给上采样卷积模块 self.up_conv 进行进一步的特征提取，并通过最终的卷积层 self.final 得到最终的分割结果。

整体而言，这段代码实现了一个基于 ResNet 和上采样的 UNet 模型，用于图像分割任务。它通过编码器提取图像特征，然后通过解码器进行上采样和特征融合，最终生成分割结果。

8.3.3 训练模型

在详细介绍了 UNet 架构的基本组成部分，以及成功加载数据集和构建 UNet 模型之后，下面我们就可以利用数据集训练 UNet 网络。训练网络通常包括设置优化器、损失函数和评价指标，以及编写用于训练和验证模型的循环。具体代码如下：

```
import os
import torch
import torch.optim as optim
from torch.utils.data import DataLoader
from nets.unet import Unet
from nets.unet_training import get_lr_scheduler, set_optimizer_lr, weights_init
from utils.dataloader import UnetDataset, unet_dataset_collate
from utils.utils_fit import fit_one_epoch

if __name__ == "__main__":
    num_classes = 5
    # 主干网络
    model_path = "predicted/unet_resnet_voc.pth"
    # input_shape        输入图片的大小，32 的倍数
    input_shape = [512, 512]
    Train_Epoch = 300
    Train_batch_size = 1
    Init_lr = 1e-4
    Min_lr = Init_lr * 0.01
    optimizer_type = "adam"
    momentum = 0.9
    weight_decay = 0
    #    lr_decay_type    使用到的学习率下降方式，可选的有'step'、'cos'
    lr_decay_type = 'step'
    #    数据集路径
    VOCdevkit_path = 'VOCdevkit'
    device = torch.device('cuda' if torch.cuda.is_available() else 'cpu')
    model = Unet(num_classes=num_classes, backbone="resnet50").train()
    weights_init(model)
    model_train = model.train()
    with open(os.path.join(VOCdevkit_path, "VOC2007/ImageSets/Segmentation/train.txt "),"r") as f:
```

```
    train_lines = f.readlines()
    num_train = len(train_lines)
    batch_size = Train_batch_size
    train_dataset = UnetDataset(train_lines, input_shape, num_classes, True, VOCdevki t_path)
    # 开始模型训练
    for epoch in range(0,Train_Epoch):
        batch_size = Train_batch_size
        # 判断当前 batch_size，自适应调整学习率
        nbs = 16
        lr_limit_max = 1e-4
        lr_limit_min = 1e-4
        Init_lr_fit = min(max(batch_size / nbs * Init_lr, lr_limit_min), lr_limit_max)
        Min_lr_fit = min(max(batch_size / nbs * Min_lr, lr_limit_min * 1e-2), lr_lim it_max * 1e-2)
        # 获得学习率下降的公式
        lr_scheduler_func = get_lr_scheduler(lr_decay_type, Init_lr_fit, Min_lr_fit, T r ain_Epoch)
        epoch_step = num_train // batch_size
        optimizer = {
            'adam': optim.Adam(model.parameters(), Init_lr_fit, betas=(momentum, 0.9 99),
            weight_decay=weight_decay)}
        gen = DataLoader(train_dataset, shuffle = True, batch_size = batch_size, pin_ memory=True,
        drop_last = True, collate_fn = unet_dataset_collate, sampler=None)
        set_optimizer_lr(optimizer, lr_scheduler_func, epoch)
        fit_one_epoch(model_train, model, optimizer, epoch,
                      epoch_step, gen, Train_Epoch, num_classes)
```

上面这段代码定义了 UNet 模型的整个训练过程。

(1) 配置模型和训练参数。在代码的开头，首先设置了一些与模型训练相关的参数，如 num_classes(类别数目)、model_path(模型路径)、input_shape(输入图像大小)、Train_Epoch(训练轮数)、Train_batch_size(批次大小)等。

(2) 实例化模型。通过 Unet 类来实例化 UNet 模型，并指定相关参数，如类别数目和主干网络(这里选择了 ResNet50 作为主干网络)。

(3) 初始化模型权重。调用 weights_init()函数对模型的权重进行初始化。

(4) 加载训练数据集。使用 open()函数读取训练集文件路径，并通过 UnetDataset 类来加载训练数据集。其中，UnetDataset 根据 train_lines(文件路径)、input_shape(输入图像大

小)、num_classes(类别数目)等信息加载图像和标签数据。

(5) 模型训练循环。使用 for 循环遍历 epoch(训练轮次)。在每个轮次中，根据当前批次大小自适应调整学习率，并使用 get_lr_scheduler()函数获得学习率下降的公式。然后，创建 gen(数据加载器)用于批量加载训练数据，并调用 set_optimizer_lr()函数设置优化器的学习率。接着，调用 fit_one_epoch()函数进行一轮的模型训练，该函数根据给定的模型、优化器、数据加载器等参数完成一次前向传播、反向传播和参数更新。

8.3.4　预测模型

在完成 UNet 模型的训练之后，就可以使用训练好的模型进行预测。预测阶段是模型评估的关键部分，它可以让我们了解模型在处理未见过的数据时的表现。在进行预测时，我们通常会将训练好的模型应用于测试集(这部分数据在训练过程中未被使用过)。这样可以评估模型对新数据的泛化能力。模型预测的具体代码如下：

```
import torch
from nets.unet import UNet
from torchvision.transforms import functional as F
from PIL import Image
import numpy as np

# 定义类别标签和对应的颜色
class_labels = ['Background', 'Destruction', 'Pseudo-destruction', 'clouds', 'shadow']
class_colors = [(0, 0, 0), (165, 42, 42), (184, 134, 11),
 (128, 128, 128), (135, 206, 250)]
# 加载预训练模型
model_path = "predicted/unet.pth"
device = torch.device('cuda' if torch.cuda.is_available() else 'cpu')
model = UNet(num_classes=len(class_labels)).to(device)
model.load_state_dict(torch.load(model_path, map_location=device))
model.eval()

# 加载待预测的图像
image_path = "path_to_image/image.jpg"
input_image = Image.open(image_path).convert("RGB")
```

```
    # 进行图像预处理
    input_tensor = F.to_tensor(input_image).unsqueeze(0).to(device)

    # 进行图像预测
    with torch.no_grad():
        output = model(input_tensor)

    # 处理预测结果
    predicted_class_indices = torch.argmax(output, dim=1).squeeze().cpu().numpy()
    predicted_colors = np.zeros((predicted_class_indices.shape[0], predicted_class_indices.shape[1], 3), dtype = 
np.uint8)
    for i in range(len(class_labels)):
        predicted_colors[predicted_class_indices == i] = class_colors[i]

    # 可选：将预测结果可视化
    output_image = Image.fromarray(predicted_colors)
    output_image.show()
```

这段代码用于使用预训练的 UNet 模型对图像进行语义分割预测，并将结果可视化。

(1) 定义了 class_labels(类别标签)和 class_colors(对应的颜色)。这些定义用于将后续的结果可视化。

(2) 加载预训练模型，并将其设备设置为 GPU(如果可用)。

(3) 加载待预测的图像，并进行图像预处理。这里使用了 PIL 库的 Image.open()函数来打开图像，使用 F.to_tensor()函数将图像转换为张量，并添加了一个维度作为批处理维度，并将其移动到设备上。

(4) 使用加载的模型对输入图像进行预测，通过 torch.argmax()函数找到每个像素点预测的类别索引，并将其转换为 numpy 数组。

(5) 根据预测的类别索引，将对应的颜色填充到 predicted_colors 数组中。

(6) 选择将预测结果生成彩色图像，并进行可视化展示。使用 Image.fromarray()函数将 predicted_colors 数组转换为 PIL 图像对象，并使用 show()函数显示图像。

预测图像如图 8-7 所示，左侧的图像是受到破坏的森林图像(用绿色标记)，右侧的图像是利用深度学习判别出受到破坏的森林图像(用蓝色标记)。

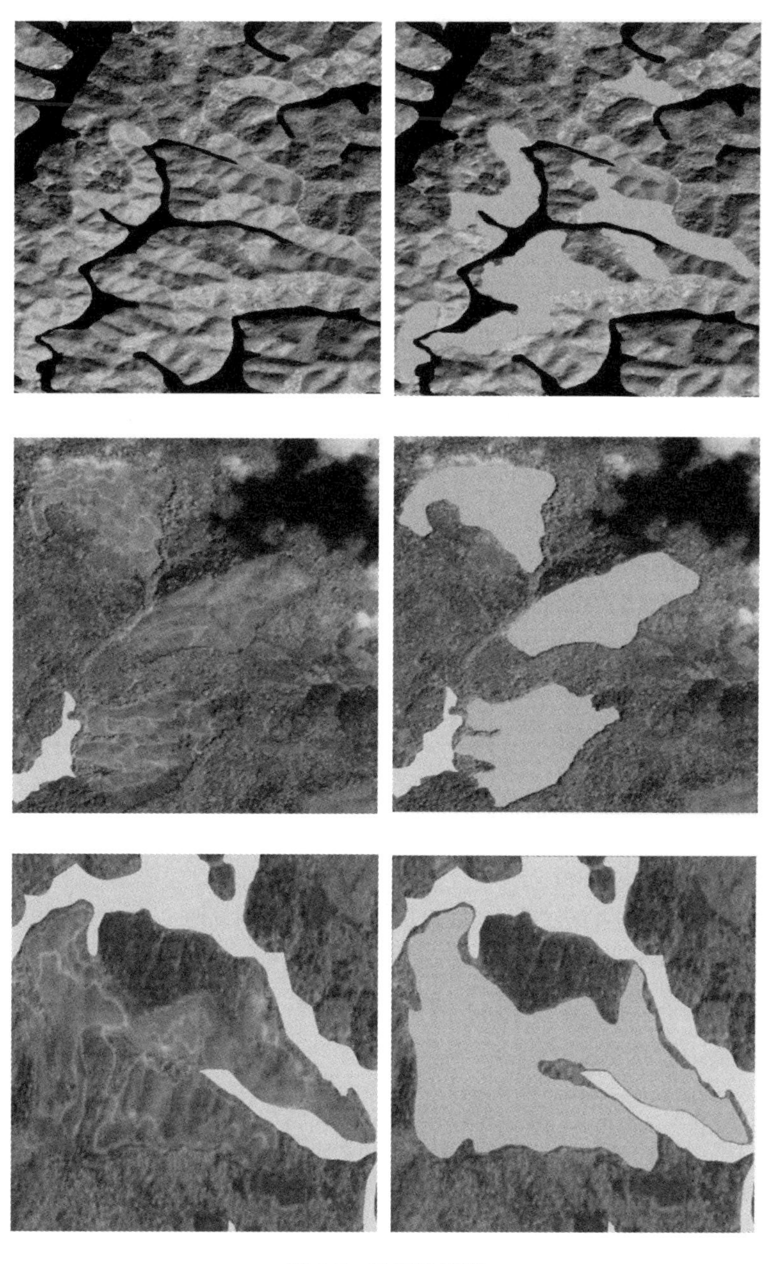

图 8-7　模型预测图

参 考 文 献

[1] 冬雨 Zz. 深度学习(deep learning)发展史[EB/OL]. (2019-09-04)[2023-01-20]. https://blog.geohey.com/-xie-shen-du-xue-xi-deep-learningfa-zhan-shi/.

[2] prince 谢晓峰. 机器学习、深度学习、强化学习、迁移学习和人工智能的联系和区别？[EB/OL]. (2019-05-02)[2022-01-20].https://zhuanlan.zhihu.com/p/64461786/.

[3] 小石. 围棋 AI 远比你想象的重要[EB/OL]. (2017-06-08)[2023-1-3]. https://news.txwq.qq.com/news/mlist/id/8641.html.

[4] 百度百科. 人工智能[DB/OL]. (2024-04-14)[2024-4-18]. https://baike.baidu.com/item/%E4%BA%BA%E5%B7%A5%E6%99%BA%E8%83%BD/9180.

[5] 百度百科. 机器学习概述[EB/OL]. (2023-12-28)[2024-2-23]. https://baike.baidu.com/item/%E6%9C%BA%E5%99%A8%E5%AD%A6%E4%B9%A0/217599?fr=ge_ala.

[6] 秦利娟，冯乃勤. 基于深度学习反向传播的稀疏数据特征提取[J]. 计算机仿真，2022，39(05):333-336，469.

[7] 博客园. 从机器学习谈起[EB/OL]. (2014-12-31)[2023-12-4]. https://www.cnblogs.com/subconscious/p/4107357.html.

[8] 王昕. 梯度下降及优化算法研究综述[J]. 电脑知识与技术，2022，18(08):71-73.DOI:10.14004/j.cnki.ckt.2022.0493.

[9] 武康康，周鹏，陆叶，等. 基于小批量梯度下降法的 FIR 滤波器[J]. 广西师范大学学报：自然科学版，2021，39(04)：9-20.DOI:10.16088/j.issn.1001-6600.2020062602.

[10] 常永虎，李虎阳. 基于梯度的优化算法研究[J]. 现代计算机，2019(17)：3-8，15.

[11] 张晓丹，苟海洋，刘东晓，等. 一种基于 Nesterov 加速梯度法的最小二乘逆时偏移成像研究[J]. 地球物理学进展，2022，37(06)：2498-2507.

[12] 张旭，韦洪旭. 基于 AdaGrad 自适应策略的对偶平均方法[J]. 舰船电子工程，2022，42(09)：41-44，53.

[13] 张松兰. 基于卷积神经网络的图像识别综述[J]. 西安航空学院学报，2023，41(01)：74-81.DOI:10.20096/j.xhxb.1008-9233.2023.01.013.

[14] 张宝，李小霞，张婧，等. 多路感受野引导的特征金字塔小目标检测方法[J]. 制造业自动化，2022，44(11)：155-159.

[15] 张松兰. 基于卷积神经网络的图像识别综述[J]. 西安航空学院学报，2023，41(01：74-81.DOI:10.20096/j.xhxb.1008-9233.2023.01.013.

[16] 邵党国，朱彧麟，马磊，等. 基于空洞卷积神经网络的医学超声图像去噪[J]. 现代电子技术，2023，46(13：55-61.DOI:10.16652/j.issn.1004-373x.2023.13.010.

[17] 崔雪红. 基于深度学习的轮胎缺陷无损检测与分类技术研究[D]. 青岛：青岛科技大学, 2018.

[18] 李龙. 自然语言处理 NLP：攻略地图[EB/OL]. (2020-01-05)[2023-05-15]. https://zhuanlan.zhihu.com/p/101109775.

[19] 李晓理, 张博, 王康, 等. 人工智能的发展及应用[J]. 北京工业大学学报, 2020, 46(6): 583-590.

[20] 江涛. 百度视频泛需求检索数据处理子系统的设计与实现[D]. 北京：北京交通大学, 2014.

[21] 人机与认知实验室.什么是听觉？机器听觉？[EB/OL].(2016-10-11)[2023-6-25]. https://mp.weixin.qq.com/s? __biz = MzA4OTYwNzk0NA==&mid=2649699782&idx = 1&sn = 77a9894b72e6b16fd590910a1a5917a5&chksm=8803cfa1bf7446b709e65a93983205a083f31219a0f32f6d683ea2b3c99c957aca77d9623de1&scene=27.

[22] 传感器技术. 人机交互的语音识别技术 [EB/OL]. (2021-11-11)[2023-9-09]. https://mp.weixin.qq.com/s? __biz=MzU5OTQ3MzcwMQ==&mid=2247504922&idx=1&sn=c344f03d041cb99e2dd4f55732368613&chksm=feb6ff50c9c17646f14782e7998385dc2a765f03b40049c086111d0759de357de15884c30aad&scene=27.

[23] 魏浩然. 基于统计模型的语音端点检测[D]. 上海：上海师范大学，2017.

[24] 邱锡鹏. 神经网络与深度学习[M]. 北京：机械工业出版社，2020：18-19.

[25] 张宇博. 复杂环境下全卷积神经网络在桥梁裂缝检测中的应用研究[D]. 西安：长安大学, 2019.

[26] Joannawherever. 数据挖掘：分类之神经网络[EB/OL]. (2021-1-14)[2023-05-09]. https://zhuanlan.zhihu.com/p/344250200.

[27] 百度百科. 人工神经网络(ANN)简述[EB/OL]. (2024-02-01)[2024-03-03]. https://baike.baidu.com/item/%E4%BA%BA%E5%B7%A5%E7%A5%9E%E7%BB%8F%E7%BD%9

1%E7%BB%9C/382460.

[28] Eason.wxd. 系统学习机器学习之神经网络(十二)：人工神经网络总结[EB/OL]. (2017-01-09)[2023-01-03]. https://blog.csdn.net/app_12062011/article/details/54290982.

[29] iot1024.人工智能、机器学习、深度学习、神经网络的区别[EB/OL]. (2020-03-15)[2023-10-09]. https://www.elecfans.com/rengongzhineng/2200306.html.

[30] TechArtisan6. 深度学习(2): 神经网络的历史背景[EB/OL]. (2019-08-09)[2023-10-10]. https://blog.csdn.net/zaishuiyifangxym/article/details/98960059.

[31] 阿斯顿・张. 动手学深度学习[M]. 2 版. 北京：人民邮电出版社，2019.

[32] Knight. 异常检测 task03：线性模型[EB/OL]. (2021.01.18)[2023-10-10]. https://zhuanlan.zhihu.com/p/345231340.

[33] 蔡俊, 赵超, 沈晓波, 等. 基于卷积神经网络的 Canny 算法优化[J]. 廊坊师范学院学报：自然科学版, 2019(4)：23-26.

[34] 周永生. 基于多尺度 CNN 特征的人体行为识别算法研究[D]. 重庆：西南大学, 2018.

[35] 周星光. 基于多尺度特征和注意力融合的图像描述生成方法研究[D]. 武汉：湖北工业大学，2020.DOI:10.27131/d.cnki.ghugc.2020.000617.

[36] 杨丽梅，李致豪. 面向人机交互的手势识别系统设计[J]. 工业控制计算机，2020(3)：18-20，22.

[37] 邹雁诗. 协作驾驶场景下的目标检测应用[D]. 南京：南京邮电大学, 2019.